商业中心区地下空间利用丛书
（沈中伟主编）

山城轨道影响区地下空间立体紧凑性设计理论研究(51678486)

商业中心区地下空间规划管理及业态开发

袁　红　著

东南大学出版社
SOUTHEAST UNIVERSITY PRESS
·南京·

内 容 提 要

商业中心区立体化发展对传统规划体制提出了挑战,本书通过中日地下空间规划对比研究详细论证了"城市立体化发展下地下空间规划应该纳入城市规划之中""地下空间控制性详细规划对商业中心区地下空间利用具有极为重要的协调控制作用""应建立区域内的地下街区规划及地下交通网络规划,并注重交通与外部的衔接,保持区域内的活性"三方面内容。此外,本书分析了立体空间权属对地下空间利用的重要意义,探讨了在我国土地地面上下分设使用权的情况下地下空间土地的出让形式、权属管理、开发政策以及山城地下空间特殊分层管理办法;提出坚持地下空间优先开发、实施法定城市设计的原则,保证地下空间的系统化利用,并建立商业中心区核心管理机构(TOM)及地下空间开发激励政策。最后,本书对现存地下商业发展现状进行研究,提出多项整治及商业管理的建议,使现存地下商业有效发挥作用,成为城市空间资源的重要补充。

本书可供地下空间规划及管理的政府部门及规划设计职能单位进行参考,亦可供地下空间研究者学习及借鉴。

图书在版编目(CIP)数据

商业中心区地下空间规划管理及业态开发 / 袁红著 .
南京:东南大学出版社,2019.5
　(商业中心区地下空间利用丛书/沈中伟主编)
　ISBN 978-7-5641-8206-9

　Ⅰ.①商… Ⅱ.①袁… Ⅲ.①商业区—城市空间—
地下建筑物—空间规划—研究　Ⅳ.①TU984.13

中国版本图书馆 CIP 数据核字(2018)第 293338 号

商业中心区地下空间规划管理及业态开发
Shangye Zhongxinqu Dixia Kongjian Guihua Guanli Ji Yetai Kaifa

著　　者:袁　红
出版发行:东南大学出版社
出 版 人:江建中
责任编辑:宋华莉
编辑邮箱:52145104@qq.com
社　　址:南京市四牌楼 2 号(210096)
网　　址:http://www.seupress.com
印　　刷:江苏凤凰数码印务有限公司
开　　本:700 mm×1 000 mm　1/16　印张:8.5　字数:158 千字
版 印 次:2019 年 5 月第 1 版　2019 年 5 月第 1 次印刷
书　　号:ISBN 978-7-5641-8206-9
定　　价:46.00 元

经　　销:全国各地新华书店
发行热线:025-83790519　83791830

序 言

　　城市地下空间在未来中国城市发展中将发挥至关重要的作用。早在 1999 年,周干峙、钱七虎、杨秀敏院士就认为城市地下空间是解决城市资源与环境危机的重要措施,是解决中国可持续发展的重要途径。2016 年 6 月,住房和城乡建设部正式发布《城市地下空间开发利用"十三五"规划》,提出力争到 2020 年,不低于 50% 的城市完成地下空间开发利用规划编制和审批工作,初步建立较为完善的城市地下空间规划建设管理体系。城市商业中心区是人口聚集区,是交通高度聚集区,也是地下空间开发需求量最大的区域,其地下空间的规模化及立体化发展对原有规划体制提出了挑战。关于地下空间规划与地面城市空间规划如何协调、如何审批,地下空间产权如何管理,地下空间业态如何发展等问题的研究可以科学地促进地下空间的可持续性发展。

　　在相当长的时期内,我国关于地下空间的研究常常局限于岩土工程领域。既然城市地下空间是城市空间的重要组成部分,那么,如果融入地面以上城市建设的理论和理念,必然会对地下空间环境的设计产生积极作用,创造出地下可持续的人居环境。因此,袁红自 2008 年进入重庆大学攻读博士学位,就选择了"地下空间"这个研究方向,意图从地面以上城市规划、城市设计和建筑创作的角度去解读、理解和营造城市商业中心区地下空间。2009 年,她跟随重庆市规划设计研究院、深圳市国土资源中心等专家调研了全国十几个省会城市及直辖市的地下空间现状;2010年,她赴日本九州大学留学,研究日本地下街及空间规划制度,经历了艰辛、痛苦的调查研究和论文写作阶段,终于在 2014 年成为九州大学建筑学专业研究地下空间的第一名博士毕业生。该书的创作是在她博士论文的基础上加工完成的,资料翔实,内容丰富,凝聚了她近十年的研究成果，较完整地研究了地下空间规划、设计、管理、权属、业态等方面问题，可为相关从业者提供有意义的借鉴和参考。随着地下空间的发展，袁红近年来的新成果将会在此基础上陆续出版，望相关专家和学者批评指正。

戴志中

2018 年 8 月

目　录

1 商业中心区地下空间规划

商业中心区立体化开发与属于人防部门管理的地下空间规划形成了冲突,立体化发展要求一套从属于地面规划并与之相协调的地下空间规划体系,国内部分大城市已经进行了这方面的尝试,但是国家层面仍然没有法定的编制办法及管理程序。从紧凑城市发展的角度看,商业中心区立体化开发是以公共交通为导向的开发(Transit-oriented Development,TOD)模式的核心:在城市宏观层面,地下空间的规划主要应用于重要交通枢纽及商业中心区;在地区中观层面,是以交通站点为核心的地下步道规划及停车场规划。轨道交通站点是地下空间规划承上启下的关键点,是连接地面上下规划、地下规划总体层面及区域层面的核心点。商业中心区的立体化发展是以轨道交通站点为"发展源"而进行的,本章研究商业中心区与地下空间总体规划的关系及区域内部的地下空间规划系统。

1.1 建立适应城市立体化开发的地下空间规划体制

自 20 世纪中叶开始,随着战后经济的恢复,资本主义世界进入高速发展时期,城市化水平迅速提高,然而空间拥挤、交通堵塞和环境恶化等城市问题愈演愈烈。人们逐渐认识到城市地下空间的优势和潜力,形成了地面空间、上部空间和地下空间三维式协调拓展的新理念。加拿大蒙特利尔市早在 1954 年就由建筑师贝聿铭主持,对市中心地区的玛丽城广场地区进行立体化再开发规划。我国于 1984 年制定了地下城市总体规划,最近一次地下城市总体规划是在 2002 年(童林旭、祝文君,2009)。

国内目前还不存在一套明确的地下空间规划编制办法,地下空间规划的编制工作尚处于探讨阶段。2009 年,住房和城乡建设部委托重庆市规划设计研究院及深圳市规划国土发展研究中心进行"城市地下空间开发利用规划编制与管理"研究,之前同济大学的束昱等也做过地下空间规划编制方面的研究,但均处于探讨阶段,没有形成国家层面的编制意见及建议。各个城市的地下空间开发利用均由地方政府各自执行规划、管理、审批的程序,城市化水平高的城市(如北京、南京、上海、杭州、广州、深圳)由于地下空间开发量大,其地下空间规划、管理、审批及设计的水平较高,相关职能部门在地下空间利用方面的工作也较为规范,但是仍然存在开发效率不高、多头管理、权责不分明、产权不明晰、设计不规范等多方面的问题(图1.1)。

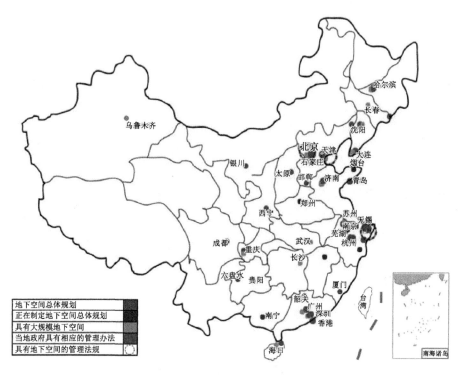

图 1.1 我国地下空间开发利用空间分布及管理情况

来源:据资料改绘[审图号:GS(2016)1593号]

1.1.1 我国地下空间规划与城市总体规划的关系

地下空间规划分为总体规划、详细规划、涉及地下空间的专项规划和专业规划四类。地下空间总体规划既包括传统意义上的总体规划,也包括分区规划、概念规划、近期建设规划等类型。地下空间详细规划包括地下空间控制性详细规划、地下空间修建性详细规划、地上地下一体化城市设计等类型(图1.2),城市新区部分项目采取控制性详细规划与地上地下一体化城市设计相结合的方式。涉及地下空间的专项规划主要有:人防规划、防洪排涝规划、交通规划(如轨道交通规划)、管网综合(共同沟)规划等。地下空间专业规划主要有:各类地下市政管线(设施)规划、危险化学品储存设施规划、相关专业部门发展规划等。

整体来看,地下空间规划属于城市规划中的专项规划。《城市地下空间开发利用管理规定》中明确指出:"城市地下空间规划是城市规划的重要组成部分",并对地下空间规划编制组织和审批作出了规定。《城市规划编制办法》将地下空间规划作为专项规划,要求将城市地下空间开发布局纳入城

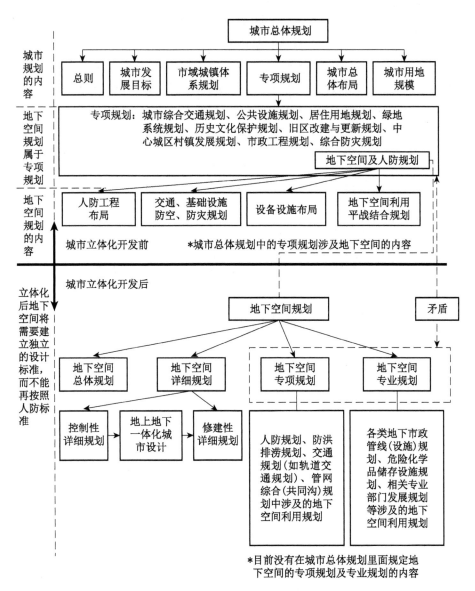

图 1.2 我国地下空间规划体系

来源:自绘

市总体规划的强制性内容,控制性详细规划应确定地下空间开发利用的具体要求。

1.1.2 我国现存地下空间规划体系

1) 与城市规划体系分离的地下空间规划体系

地下空间规划体系在编制思路上对城市规划编制进行模仿,与城市规划体系基本一致。其体系的每个层面都与地面城市规划相对应,对其进行补充。地面城市规划同时也考虑地下空间规划每个层级的问题,两个体系之间互相影响,但彼此独立(图1.3)。具体属于这类地下空间规划体系的有重庆市地下空间规划及天津市地下空间规划。

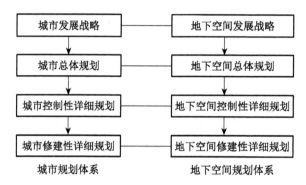

图1.3 体系一:地下空间规划未纳入现有城市规划体系单独审批

来源:自绘

2) 纳入城市规划体系的地下空间规划体系

地下空间规划纳入城市规划体系之中,作为现有规划体系的一部分,与现有城市规划体系一同执行审批手续。规划区域不属于现有城市规划体系的地下空间相关规划,须在相关部门单独审批(图1.4),如深圳市地下空间规划(图1.5)及广州市地下空间规划。

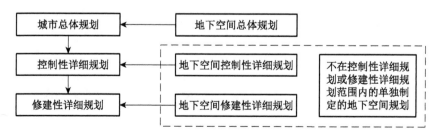

图1.4 体系二:地下空间规划纳入现有城市规划体系之中执行审批

来源:自绘

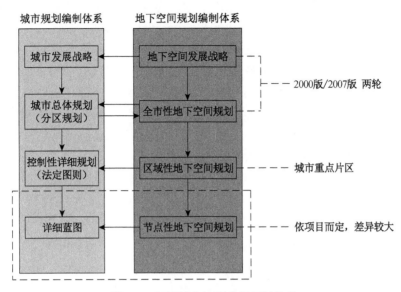

图 1.5 深圳城市地下空间规划体系

来源:深圳市规划与国土资源委员会

广州市地下空间利用制度规定:在适宜建设地下空间的地区,城乡规划主管部门在组织编制或者修改城市控制性详细规划时,应当逐步补充和完善有关城市地下空间开发利用的内容。控制性详细规划尚未对地下空间开发利用做出具体规定的,城乡规划主管部门可以组织编制重要地块的地下空间修建性详细规划,经法定程序批准后将其纳入城市控制性详细规划(图1.6)。

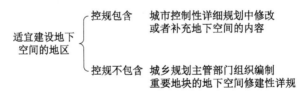

图 1.6 控制性详细规划制定的两种情况

来源:自绘

1.1.3 城市立体化发展下规划体制的矛盾性

1)地下空间规划体制的矛盾

由上述分析可知,随着城市化的发展,地下空间利用的城市意义已经发生了巨大改变。在城市化水平较低的情况下,地下空间利用与平战相结合主要满足人防功能;而随着城市化水平的提高,城市发展的聚集性要求城市立体化发展,地下空间作为一种独立的城市空间资源运用于交通、商业等各个方面。然而,规划体制的落后导致地下空间利用长期处于无据可循的局面,现存地下空间规划已经明显与过去的"地下空间及人防"规划相矛盾(图1.2),由此产生了目前国内"从属""分离"两种地下空间规划体系。产生矛盾冲突后,必然会有一种顺应社会发展的体系产生,同时这两种体系在城市发展中的运用也表现出各自的优劣性。事实证明,地下空间纳入地面城市规划才能够促进城市的立体化发展。

2) 地下空间规模难以把握

城市立体化发展需要直接面对的是地上、地下开发量如何分配的问题。由发达国家利用地下空间的经验可知,城市中心区地下空间利用是一种需求式导向开发的模式,其主要运用于人口高度聚集区,以解决交通为主,同步产生若干城市公共活动的功能空间。而在总体规划层面,规模的预测及地下与地面的协调较难把握(即地下空间与地面空间规划在城市发展量上如何分配),使地下空间规划制定缺少主要的技术支持,所以近年来关于地下空间的预测一度成为研究的热点。目前,深圳、上海、广州制定了地下空间的总体规划,这些总体规划只是在一些概念、局域和原则层面起部分作用,最终能够对地下空间开发起到实质控制作用的依然是片区的控制性详细规划及面向实施的修建性详细规划。各市的地下空间控制性详细规划明确了地下空间的发展区域、发展形态,以及未来地下空间的连接形态。

1.2 商业中心区地下空间规划的重要性

1.2.1 中日地下空间规划控制条款对比的启示

日本地下空间规划被明确规定为都市计划的一部分,地下空间规划的制定具有法定效益,实施过程中严格处理与周边建筑的关系,完善的体制及严格的执行标准保证了日本地下空间的系统式开发。通过中日规划体系对比(图1.2、图1.7、表1.1)可知:在城市规划层面,日本具有地下空间聚集区域特别整治法,针对聚集区的复杂问题进行专门立法,处理商业中心区、交通枢纽区域的复杂问题,中国无此法;日本地下空间规划的内容在城市规划中作为强制性内容执行,中国关于此项内容尚属探讨阶段;日本地下交通网络规划属于交通网络规划整体的一个部分,一旦确定就有法定效力;日本新

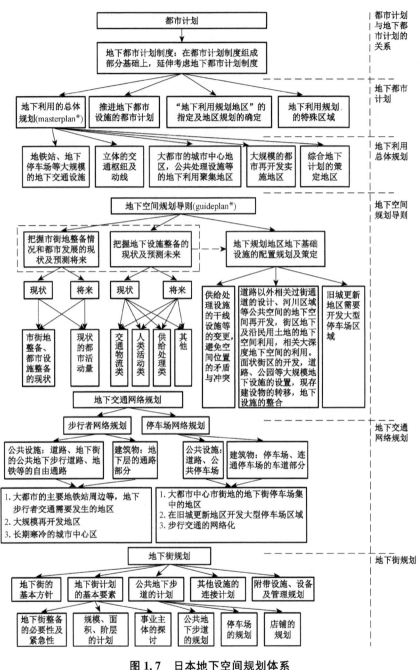

<figure>

图 1.7 日本地下空间规划体系

来源:自绘

</figure>

---

* 日本的"masterplan"及"guideplan"与中国的"总体规划"和"规划手则"有本质区别,直译不准确。

表 1.1　中日地下空间规划控制条款对比

规划层次(中国/日本)	控制条款	中国	日本
城乡规划法/都市计划法	聚集区域特别整治法	○	●
	地下空间利用的计划是城市规划中的一部分	●	●
地下空间城市规划导则/都市计划中"地下空间整备方针"	地下空间作为城市规划中的一部分	○	●
	将地铁、管网等市政设施纳入地下利用规划范畴	●	●
	确定地下利用规划的重点地区	●	●
	地下交通网络整治	○	●
地下空间总体规划/地下空间(masterplan)	确定地下利用的重点地区	●	●
	地下城市设施、城市计划决定的推进	●	●
	确定新地域地区地下规划	○	●
	地下空间需求量预测	●	○
	地下空间总体布局	●	○
	地下空间开发利用的分层规划	●	○
	地下空间资源的调查评估	●	○
建筑设计规范/日本建筑基准法	对地下空间的用途限制	○	●
	建筑物防灾、卫生等	●	○
	地下街设计标准	○	●
	地下步行网络规划	○	●
	地下通道宽度计算方法	○	●
	地下车库规划	○	●

来源:自绘

区地下空间规划具有法定执行力,中国仅存在新区地下空间的布局;日本没有总体规划(以下简称"总规")层面的需求量预测、资源评估等,是以聚集区地下空间开发为主导的地下空间利用体制;日本对地下空间土地利用具有法定限制;日本具有完善的地下街、地下步道、地下车库法定规划设计标准,中国尚属探讨阶段。由上述对比可知,日本的地下空间规划主要是针对聚集区的地下空间规划,类似我国地下空间区域控制性详细规划。而就目前国内的发展情况来看,总规层面的地下空间规划起作用的依然是地下空间的总体布局(重点开发区域的确定)。因此,可以证明,聚集区(商业中心区)地下空间利用及控制性详细规划是地下空间利用的主要内容及核心。

1.2.2　在总规层面确定地下空间重点开发地区

地下空间的"源—轴"式发展模式,即地下空间开发以轨道交通为"发展轴"在城市总体层面发展,以轨道站点为"发展源"在中心区层面发展。地下空间总体规划与地面总体规划相统一,确定城市中心区和副中心区的轨道枢纽站点及商业中心区为地下空间开发的重点区域。各大城市根据城市自身状况编制地下空间总体规划,如表1.2所示。

表 1.2　国内大城市地下空间的规划层次及特点

层次	规划名称	特　　点
总体规划	《北京市中心城中心地区地下空间开发利用规划(2004—2020 年)》	① 已经纳入《北京中心城控制性详细规划》的修编 ② 编制范围涉及北京中心城区及整个市域 ③ 确定地下空间利用的重点区域(轨道重要站点及城市中心区) ④ 控制指标:分层规划、总体规模、人均面积 ⑤ 17项专项规划:地下交通、市政、防空防灾、空间安全与技术保障、地下开发与历史文化名城保护等 ⑥ 新城及地铁沿线土地下空间规划 ⑦ CBD及重点商业中心区(人口密集区)地下空间详细规划

层次	规划名称	特 点
总体规划	《天津市中心城区地下空间综合利用规划（2006—2020 年)》	① 重点开发沿线交通枢纽与公共中心的空间 ② 地下交通设施、公共服务设施、市政设施、工业仓储和物流设施复合开发 ③ 充分利用现有防空设施进行民用化改造 ④ 提出地下空间利用的总量控制和分层控制：地下总量＝地面总量×10％；30 m 以上是现阶段利用重点 ⑤ 基础设施采用以政府投资为主，吸引多种投资的策略
	《深圳经济特区城市地下空间发展规划（近期建设规划)》	① 通过现状评价、资源评估与需求预测研究，提出功能布局与综合功能、混合功能、简单功能以及储备的分区 ② 专项规划（地下交通、地下街、地下市政等发展策略) ③ 在分区指引中对使用功能、建设模式、建设强度以及规划层次与要点提出了要求 ④ 规划实施政策建议（法规、技术规范、编制体系、审批机制、信息平台等)
	《无锡市城市地下空间开发利用规划——主城区地下空间布局与形态规划图》	① 控制范围为整个市区，面积总计 1 662 km^2。在地下空间资源评估和需求分析的基础上，提出发展战略与目标 ② 规划结构中的重点开发地区 ③ "二心、一轴、多点、一环、两带"的市区地下空间发展布局

（续表）

层次	规划名称	特　点
总体规划	 《重庆市主城核心区地下空间规划（2003—2020）》	① 划定重庆市地下空间利用的慎建区和禁建区 ② 依托城市轨道交通网络骨架，形成"一环、两横、三纵、十一片"的整体形态 ③ 明确了 11 个地下空间利用重点片区 ④ 针对山地城市地形特点和不同的城市功能做出相应的深度控制引导 ⑤ 主城核心区的地下空间利用采取网络节点式的发展模型；外围区域采取聚集点式的发展模型 ⑥ 形成以轨道交通线为发展轴、轨道站点为伸展点、重点地区为展开面的多层次地下空间立体开发利用体系
控制性详细规划	 《北京中央商务区地下空间规划》	① 地下步行通道规划（地面已存在大量建筑） ② 对开发深度、通道位置、功能、规模等提出了要求 ③ 地下连接通道的协调工作 ④ 依据地下空间的规模确定最优方案
	 《深圳福田中心区地下空间规划》	① 强调结合城市设计统筹地下空间规划，构建地上地下一体化复合利用 ② 地下功能布局规划 ③ 地下步行网络规划 ④ 地下道路停车规划 ⑤ 市政规划 ⑥ 人防系统规划 ⑦ 确定规划区内地下空间范围、使用性质、平面布局及竖向布局、出入口位置、连通方式

（续表）

层次	规划名称	特　点
控制性详细规划	 《重庆市江北城地下空间利用规划》	① 结合地面控制性详细规划及城市设计成果进行协调式设计 ② 对开发深度、开发范围、开发规模、公共通道、出入口、公共配套等进行控制 ③ 确定开发片区内的重点地区 ④ 设计地下公共轴串联城市之冠及中心绿地
城市设计	 《深圳罗湖口岸交通枢纽设计》	① 对外港口交通枢纽地下空间城市设计 ② 世界上最大的陆路客运口岸,年人流量1.2亿人次,每天约40万人次 ③ 以罗湖地铁站点的建设为契机,对罗湖口岸与火车站进行改造 ④ 充分利用地上与地下空间,形成管道化、立体化的交通空间组织
	 《深圳丰盛町地下空间城市设计》	① 商业中心区轨道站点地下空间城市设计 ② 利用城市干道(深南大道)下的地下空间 ③ 该项目是深圳市第一个通过招拍挂方式出让地下空间使用权的项目 ④ 根据城市设计深度,对总建筑、总居住建筑面积面积、交通面积等指标进行了明确 ⑤ 各类建筑面积指标控制与后期建筑方案中所确定的指标存在矛盾 ⑥ 土地使用权归政府所有,项目业主无法办理产权 ⑦ 项目安全管理方面存在问题

层次	规划名称	特 点
城市设计	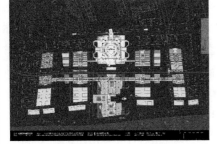 《杭州钱江新城地下空间规划》	① 地面地下相结合的城市设计 ② 地下空间主要有两条地下轴线、四个轨道站点和下穿道路 ③ 地下轴线以地下购物走廊为纽带、下沉式广场为节点 ④ 主轴(波浪文化城)宽120 m、长500 m、深13.6 m,总建筑面积12.4万 km²,商业文化设施5.7万个,停车位1 280个 ⑤ 下穿道路2.4 km ⑥ 共同沟2 160 m,断面5.6 m×3 m ⑦ 由钱江新城管委会管理,分层出售,并办理产权证

来源:自制

1.2.3 以轨道站点为"发展源"发展商业中心区

地下空间开发重点区域是在总规中确定的重点区域,如城市中心区、大规模再开发地区、重要交通站点及未来城市发展的战略区域。根据 TOD 理论,公共交通枢纽地区作为城市发展的中心区或者副中心,商业中心以轨道站点为"发展源"在步行范围内(或称为"站势圈",一般 $R<300\sim800$ m)建立地下空间交通网络①及地下街。地下交通网络建立的目的是为了建立人车分流的地下交通系统(步行系统、停车场系统、换乘系统),促进地面全步行空间的形成,为人流聚集区域提供大面积的城市公共活动空间,创造良好的空间环境。在城市新区,地下交通网络可以通过片区的地下空间详细规划②与地面规划同步进行的方式来建立,将建筑地下层与轨道站进行同步竖向设计(将标高统一在一定范围内),根据商业聚集性③布置地下空间功能。在旧城区,地下交通网络的建立需要考虑更多复杂的因素,需要掌握该地区详细的地下空间利用信息,将既有地下空间形态与轨道站点通过地下步道

---

① 这里的地下交通网络,是指商业中心区的地下交通网络。轨道站点是商业中心地下交通网络的发展源,同样也是整个轨道交通网络的重要节点。

② 详见下一章。

③ 参见商业中心的聚集性论述,聚集性包括外部经济效应、聚集经济效应、旁侧效应、组合经济效应、扩散效应。虽然这是商业中心宏观层面的性质,但是经笔者查阅相关资料,该性质在中观、微观层面仍然适应。

连接,并根据需要改变地下空间的功能①。根据日本地下街的建设经验,人流的通行会促进地下步道商业的发展,从而形成地下商业街。

1.2.4 确定地下空间利用的重点区域

地下空间利用的重点区域选择需要遵循一定的原则,根据土地利用相关条件、区域开发的情况以及特殊情况决定其开发。参照日本的指标,土地利用容积率≥6的地区是人口高度聚集区,需要进行地下空间的开发;另外,部分广场及绿地空间可规划为地下车库等;旧城商业中心区再开发地区,需要运用地下空间处理交通问题;新城市中心区及副中心区的立体式开发;地铁、地下高速公路、高架桥地下空间的利用②;地下大型能源储备中心、防灾中心等(图1.8)。重庆建设用地匮乏,空间资源有限,应该尽可能开发利用地下空间。

我国地下空间规划的实施区域一般都在新区,如钱江新城、珠江新城、世博轴等,但是这些新区的发展缓慢,地下空间的使用率低,其发展有赖于整个区域的发展。另外,我国商业中心区地下空间开发一般是在原有城市中心区,如丰盛町地下商业街位于深南大道地下,其地下商业的开发连接了深南大道两块分离的商业区,促进了商业中心区的繁荣发展。但是丰盛町的顺利实施是在轨道公司、人防部门、政府以及地块周边建筑业主的共同合作下完成的。

1.3 日本商业中心区地下街区及地下交通规划

1.3.1 "地下街区"规划

日本厚生劳动省对地下街的定义是:"在建筑物的地下室部分和其他地下空间中设置商店、办公或其他类似设施,即把为群众自由通行的地下步行通道与商店等设施结为一个整体。除此类的地下街外,还包括延长形态的商店,不论布置的疏密和规模的大小。"在日本,地下街的英文为"underground town",由此看来,日本认为地下街是地下城镇的概念,并将地下街规划纳入

---

① 如日本东京新宿站前地下步道与周边建筑连接时,将原有地下车库转变为商场。功能改变是由水平及竖向连接的功能共同决定的。

② 同济大学李少帅等提出,设置桥下停车场需要满足以下几点:净空2~2.2 m;空间足够大,以满足停车20~100辆为宜;桥下有供机动车通行的辅道,且辅道上的背景交通量不大;停车场的设置不对沿线交通量产生影响。日本将高架桥、道路地下空间归属于地下空间共同管理。

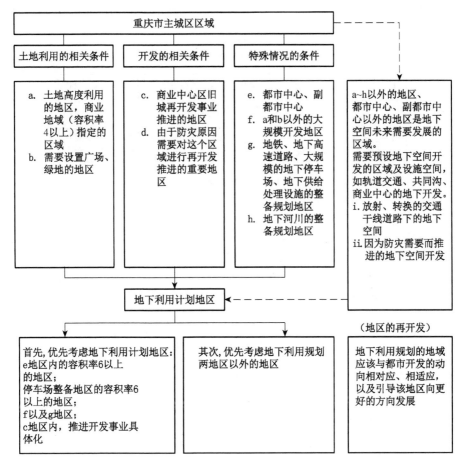

```
重庆市主城区区域

土地利用的相关条件          开发的相关条件          特殊情况的条件

a. 土地高度利用        c. 商业中心区旧      e. 都市中心、副      a~h以外的地区、
   的地区,商业            城再开发事业        都市中心            都市中心、副都市中
   地域(容积率            推进的地区       f. a和b以外的大      心以外的地区是地下
   4以上)指定的       d. 由于防灾原因         规模开发地区        空间未来需要发展的
   区域                   需要对这个区      g. 地铁、地下高      区域。
b. 需要设置广场、          域进行再开发        速道路、大规      需要预设地下空间开
   绿地的地区             推进的重要地        模的地下停车      发的区域及设施空间,
                          区                  场、地下供给      如轨道交通、共同沟、
                                              处理设施的整      商业中心的地下开发。
                                              备规划地区     i. 放射、转换的交通
                                           h. 地下河川的整        干线道路下的地下
                                              备规划地区          空间
                                                             ii.因为防灾需要而推
                                                                进的地下空间开发

                          地下利用计划地区

                                                                       (地区的再开发)

首先,优先考虑地下利       其次,优先考虑地下利用规    地下利用规划的地域
用计划地区;             划两地区以外的地区          应该与都市开发的动
e地区内的容积率6以上                                向相对应、相适应,
的地区;                                            以及引导该地区向更
停车场整备地区的容积率6                              好的方向发展
以上的地区;
f以及g地区;
c地区内,推进开发事业具
体化
```

图1.8　商业中心区地下空间规划地区的选定流程图建议

来源:自绘

城市规划系统之中(图1.9),说明地下街已经不是单纯的街道,而是"街区"的概念。"地下街区"的理念可以有效地促进商业中心区的地下空间系统利用及地面上下立体化设计。"地下街区"的发展源于与公共交通站点相联系的地下步道系统,以地下公共步道为"发展流"带动地下商业发展,与其他地下空间及地下车库、地下商场连接,构成一个功能完备的地下街区。因此,地下街规划还需要包含商店店铺的规划、业态功能的规划,这样可以有效促进地下街的繁荣及其与地面的协调。地下街规划需要论证规划的必要性及可行性,以及地下街的规模、面积、阶层,还需要对地下街的投资主体进行相应的确定。地下街是以交通功能为主的步道,为了保证步道的流通性以及地下街的疏散安全,需要对地下步道的面积及商店街的面积进行严格控制

（表 1.3）。

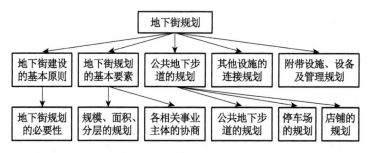

图 1.9　日本地下街规划

来源：自绘

　　如日本根据建筑基准法中的"公共地下步道及公共地下停车场的管理、利用情况最小的限制"规定，将地下街区规划具体分为以下两种情况：

　　（1）与公共地下停车场共同设置地下街的情况下，除去公共地下停车场的面积，地下街的面积不能超过地下停车场的面积。

　　（2）地下街的店铺等面积不能超过公共步道的面积。

表 1.3　日本地下街面积限制

			川崎站洞口广场地下街	神户 baparando 地下街	京都御池地下街	
开业年月			昭和六十一年十月	平成四年九月	平成七年三月	
建筑面积/m²	建筑面积		54 203	10 020	32 120	
	地下一层	公共地下步道	13 942	5 090	6 260	12 180
		店铺等	13 147	27 089	4 930	10 020	5 920
	地下二层	公共停车场	27 114	—	15 560	
	地下三层	机械室	—	—	4 380	
备注			机械室、仓库等面积（9 109 m²）	—	仓库面积（830 m²）	

来源：地下都市計画研究会，1994.地下空間の計画と整備_地下都市計画の実現をめざして—[M].東京：大成出版社

1.3.2　地下交通网络规划

　　地下交通在商业中心区中作为"发展源"而具有重要作用：地下空间利

用的实质是利用交通空间增强空间之间的联系使之达到功能混合、高效利用的目的,地下交通是地下空间利用最核心的要素——"发展源"。商业中心区交通的立体化再开发是解决城市拥堵的主要方法,地下交通如地铁、地下快速通道等运量大,运行快捷、准确,对地面交通没有干扰且不会影响城市景观,地下大中型停车库的建立以及现有地下停车库的整合很大程度上解决了城市商业中心区停车难的问题,在地铁或交通枢纽处兴建地下综合体也成为城市立体化再开发的重要内容。

地下交通网络规划是日本地下空间规划体系中的重要组成部分(图1.10)。其发展是为了解决城市公共交通站点地区、大规模再开发地区、积雪寒冷地区的商业中心区、地铁站点等人流量巨大地区的停车及交通转换问题,以及促进建筑物聚集发展及有机连接,而建立综合步行者网络和停车场网络,是用以保证地上地下步行的畅通化、车流的顺畅化,确保安全高效、快适的城市活动。地下交通的网络化是城市中心区紧凑立体化开发的必要条件。商业中心区的地下交通网络规划是以公共交通站点(轨道站点)为衔接点,进行地下步道及地下车库的规划,包括步行者网络规划及停车场网络规划两个方面。

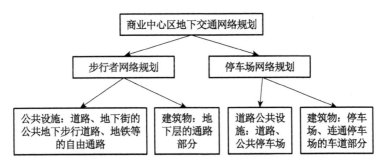

图1.10　日本商业中心区地下交通网络规划

来源:自绘

道路、地下街的公共地下步行道路、地铁等公共设施的自由通路及建筑物地下层的通路部分共同构成步行者网络系统;道路、公共停车场、建筑物地下停车场及连通停车场的车道部分构成停车场网络系统。地下交通网络的建立需要考虑以下三点内容:①形成地下交通网络的位置及区域;②交通网络概况及可能的深度;③公共设施如地铁、停车场的分布情况。

1.3.3　地下步行网络规划

商业中心区步行者网络规划的目的是为了强化步行者连通线路,维持地面空间的活性及流通性;防止地下步行路线的拥挤,防止地下空间的复杂化,形成简捷的网络形态和骨架;并将建筑物地下层编入网络中促进地下通路的形成。

地下步行网络的规划包括公共活动区域道路地下步行通道的整治、建筑物内部的自动升降系统的利用、建筑物内部商业设施通路区域与地下步道的连接,以丰富地下网络及建立步行通路。

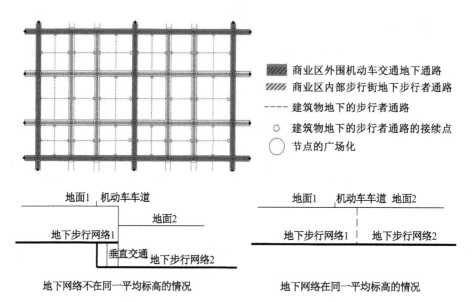

图 1.11　山城商业中心区地下步行网络构想图

来源:自绘

山城商业中心区人口聚集度高,地面公共活动空间不足,建立地下步行网络可以分担地面人流,促进步行系统与各建筑物地下层的连通(图 1.11)。日本及平原城市地下空间步行网络建于道路下方,且随地面街区呈网格式布局。对于山地城市而言,城市中心区的街区布置一般是"中心块状式",机动车交通将步行街包围在商业中心区域,商业区内部为全步行系统。随着商业区扩张和站势圈连接,分属不同站势圈地下的地下步行网络可能会相互联结。如果两个步行网络之间有高差和距离,那么则通过竖向电梯、扶梯、楼梯、通道等解决两个区域的连接。如东京有乐町站前再开发地区地下步行网络规划(图 1.12),开发地区位于地铁西银座站、JR 有乐町站、地铁有乐町站之间,设计利用再开发的契机,规划一条地下步行通道,穿越有乐町地下负一层,与地铁西银座站地下通道相连接,并在公共道路地下建立通道分别与 JR 有乐町站、地铁有乐町站连接,最终形成一个完整的地下交通网络。

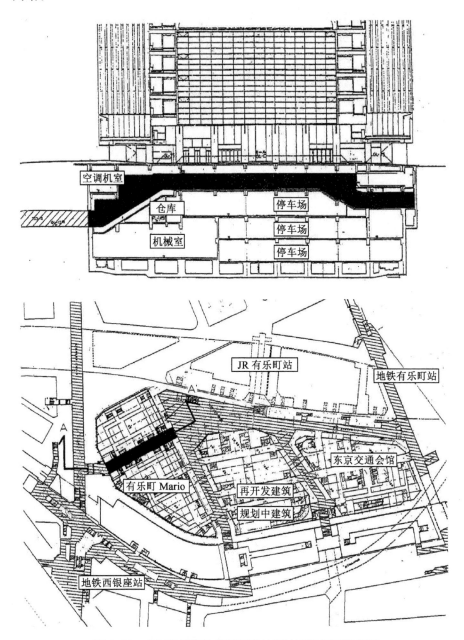

图 1.12　东京有乐町站前再开发地区地下步行网络规划

来源:地下都市計画研究会,1994.地下空間の計画と整備_地下都市計画の実現をめざして—[M].東京:大成出版社

1.3.4 地下停车场网络规划

商业中心区地下停车场网络需要同步考虑城市公共交通,保证地下停车网络与外围干道的连通。以街区为单位的地下停车场规划具有良好的可控制性,便于进行地下层一体化的连通及地下停车场的整合设计,运用人车分流的设计减轻地上交通拥堵。同时,地下停车场(库)的规划还要与城市动态交通、静态交通以及私车交通和公共交通的换乘相衔接与协调(图1.13)。

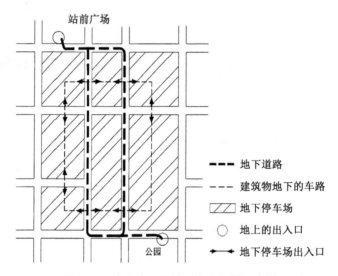

图1.13 商业中心区地下车库规划示意图

来源:地下都市計画研究会,1994.地下空間の計画と整備_地下都市計画の実現をめざして一[M].東京:大成出版社

1.4 商业中心区地下空间控制性详细规划的"协调机制"及指标

1.4.1 建立控制性详细规划的控制指标

由中日地下空间规划对比可知,日本地下空间开发利用的聚焦点在城市中心区,其地下空间规划内容的制定主要是满足中心区地下空间的开发及利用。对比中国而言,具有这种作用的是中心区控制性详细规划。城市商业中心区的控制性详细规划是地下空间开发中最重要的环节,其任务是

以对城市重要规划建设地区地下空间资源开发利用的控制作为规划编制的重点,详细规定城市公共性地下空间开发利用的各项控制指标,并对规划范围内开发地块的地下空间资源开发利用提出强制性和指导性规划控制要求,为地区地下空间开发建设项目的设计以及地下空间资源开发利用的规划管理提供科学依据。其主要内容包括[①]:

(1)根据地下空间总体规划的要求,确定规划范围内各专项地下空间设施的总体规模、平面布局和竖向分层等关系;(2)明确各地块内地下空间分层功能,规定地块地下容积率、开发深度(底、顶标高)、地下建筑后退红线、地下建筑间距、层高、地下停车位等控制要求;(3)明确地下人行、车行出入口方位和宽度;(4)对地下空间之间的人、车连接提出指导性控制意见,对开发地块地下空间与公共性地下空间之间的连接进行详细控制;(5)对地下建筑的色彩、标识、灯光照明提出指导意见,对通风竖井、冷却塔等地面设施提出城市设计要求;(6)针对各专项设施对规划范围内地下空间资源的开发利用,提出公共性地下空间以及开发地块内必须向公众开放的公共性地下空间设施的控制要求;(7)对轨道交通、市政工程、人防等规定控制范围并提出明确要求;(8)结合各专项地下空间设施的开发建设特点,对地下空间的综合开发建设模式、运营管理提出建议。

笔者结合《中国城市地下空间规划编制导则》中关于地下空间控制性详细规划的内容,将控制指标分为控制性指标及指导性指标两类(表1.4)。控制性指标主要控制地下空间开发的功能、面积、红线后退距离、深度、层数、高度、宽度、接口位置、交通设施控制线、民防要求、步行系统及停车共16项关键性指标,以控制地下空间在功能、规模、内部尺度、与地面协调等方面的关键要素;指导性指标包括界面、色彩、采光、绿化、内部环境、广告、标识等侧重于空间环境设计的要素,可使地下空间设计具有更大的灵活性。为了使控制性指标具有一定的灵活性和弹性,还需将其继续细分为刚性控制性指标及弹性控制性指标(表1.5)。刚性控制性指标具有确定的数值及范围,弹性控制性指标则可以根据实际需求进行考虑。

表1.4 地下空间控制性详细规划管理图则的管理指标定义

控制性指标		
1	地下建筑使用功能	地下建筑物的主导使用功能
2	地下建筑面积	地下建筑物边线垂直投影至地表后围合的面积

---

① 来源于《中国城市地下空间规划编制导则》。

控制性指标

3	地下建筑后退红线距离	地下建筑物边线垂直投影至地表后后退道路红线的距离
4	开发深度	地下建筑物结构基底的水准高程
5	开发层数	地下建筑物的开发分层层数
6	最小净空高度	分层地下建筑物的结构基底至其上一层建筑物结构基底的最小净空高度
7	地下连接通道的接口位置	地下建筑物与其他建筑物之间设置连接通道的位置
8	地下通道最小宽度	地下建筑物与其他建筑物之间设置的连接通道的最小宽度
9	人行与车行出入口位置及最小宽度	地下建筑物内通往地表,供人、车辆使用的出入口的设置位置及最小宽度
10	地下交通设施控制线	地下交通设施的边界线,其他地下建筑物未经许可不能侵入该界限范围
11	民防工程建筑面积	分层地下人民防空工程设施的面积
12	民防工程战时功能	人民防空工程设施的使用功能
13	兼顾设防要求	地下建筑物能够用于民防,在战时或灾时承担民防工程的功能
14	主要地下开放空间位置面积（具有疏散作用）	主要地下开放空间的位置和面积
15	地下步行系统的控制要求	地下步行系统的特殊控制要求
16	地下停车泊位数	地下停车场的最小停车泊位数

指导性指标

1	地下空间界面控制要求	地下建筑边界的特殊控制要求
2	建筑色彩	地下建筑物对色彩的要求
3	通风井和采光窗的位置和面积	对地下建筑物通风井和采光窗的位置和面积的特殊控制要求
4	绿化	地下建筑物的绿化要求

	指导性指标	
5	建筑小品和家具	对地下建筑物的建筑小品和家具的特殊控制要求
6	灯光照明	对地下建筑物灯光照明方面的特殊控制要求
7	广告	对地下建筑物内设置广告的特殊控制要求
8	标识系统	对地下建筑物设置标识系统的特殊控制要求

来源：自绘

表 1.5　地下空间详细规划控制要素分类

控制类别	控制要素	控制性指标		引导性指标
		刚性	弹性	
土地控制	用地面积	●		
	用地界线	●		
	用地性质	●		
	地块划分	●		
	用地功能	●		
容量控制	开发强度	●		
	开发深度	●		
建筑控制	后退红线距离	●		
	地下建筑间距控制	●		
	建筑层高	●		
	地下出入口、通道数量、方位、宽度	●		
	开敞空间			●
	通风井、采光窗			●
	可识别标识系统			●
	其他附属设施,如座椅、广告牌			●

控制类别	控制要素	控制性指标		引导性指标
		刚性	弹性	
地下交通	轨道交通设施	●		
	地下步行系统	●		
	停车场系统	●		
	静态交通系统	●		
	公共交通换乘站点	●		
地下街	区域		●	
	规模、面积、层数	●		
	公共地下步道（属于地下交通的一部分）	●		
	停车场系统（属于地下交通的一部分）	●		
	店铺规划		●	
	与其他建筑的连接规划		●	
	附带设施、设备及管理		●	
人防设施	建筑面积	●		
	使用性质	●		
开发管理	管理方式、制度、投资政策等			●
	建设方式、工程技术等			●

来源：自绘

1.4.2 控制性详细规划制定流程及协调机制

地下空间控制性详细规划是地下空间规划中最重要的环节,其制定需兼顾多方面的因素,与其他部门及设施相协调才能够最终确定地下空间规划及设计的实施性。其制定需要协调的相关方有道路主管部门,相关已建建筑物业主,公共设施、人防部门、规划管理部门等,制定流程及协调机制建议如图 1.14 所示:

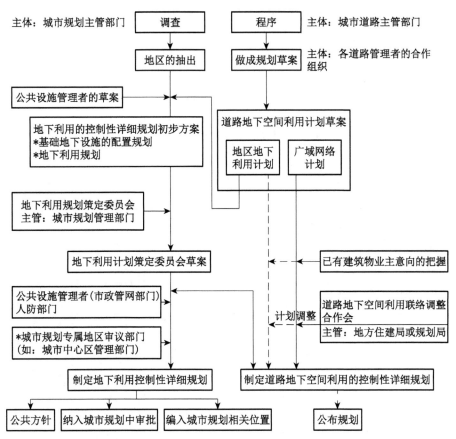

图 1.14　重庆商业中心区地下空间控制性详细规划制定流程建议

来源：自绘

1.4.3　把握地下设施建设的相关情况

　　地下空间的控制性详细规划的主要任务是协调地下空间与地面城市，以及地下空间与原有地下设施的关系。因此，制定控制性详细规划前应该对整个区域的规划发展（过去及未来）、原有地下市政设施、地下交通的情况等进行把握，具体详细内容如图1.15所示。需要把握的地下设施具体包括交通、物流类，人活动设施类，供给处理类三个方面（表1.6）。

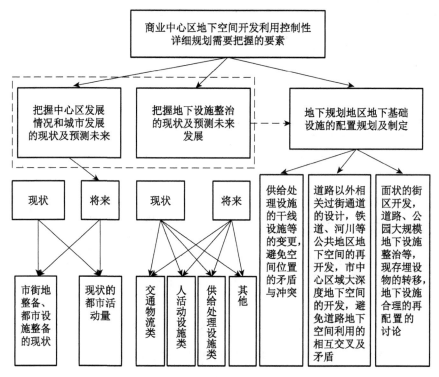

图1.15　制定地下空间控制性详细规划需要把握的要素

来源：自绘

表 1.6　控制性详细规划的制定需要把握地下设施建设的相关内容

交通、物流类	地下铁路：基于运输政策的规划和设想； 地下道路：城市规划中规定的规划及设想； 地下通路：城市规划中规定的规划及设想； 地下停车场：城市规划中规定的规划及设想
人活动设施类	建筑物的地下层：地下利用规划中确定的地下层； 地下街：整治、规划及设想； 地下公共空间的规划及设想
供给处理类	共同沟：共同沟基本规划，其他规划及设想； 上水道：扩充规划设想，热水供应，增压泵场地下化的可能性，应急供 　　　　水设施等新规划设施的利用趋势； 下水道：扩充规划及设想，泵场处理场地下化的可能性； 电力：电力设施的扩充规划及设想，变电所、架空送电线地下化的可 　　　能性探索，新规划地下设施的利用趋势； 燃气：扩充规划及设想，布置于地下化的可能性，新规划地下设施的 　　　利用趋势； 河川：城市河川的地下化，雨水调整模式及新规划设施的利用趋势； 其他：地域冷暖设施，城市废弃物处理管路等设施的扩充规划及设 　　　想，其他设备的地下化
其他	冷暖设施，城市废弃物处理管路等设施的扩充规划及构想，其他设备 的地下化

来源：自绘

1.4.4　加强城市控制性详细规划过程的多方协调作用

控制性详细规划是地下空间规划中最为关键的环节。目前，中国其他城市及重庆的控制性详细规划实施性差，或者规划基本在城市中心区无法实施，主要原因是在规划过程中仅由政府及规划部门主导，而忽略了其他相关方（如市政部门、轨道交通部门、地块周边建筑业主）的参与。因此，需要加强控制性详细规划制定过程中的多方协作，具体协作方式建议如图 1.16 所示：

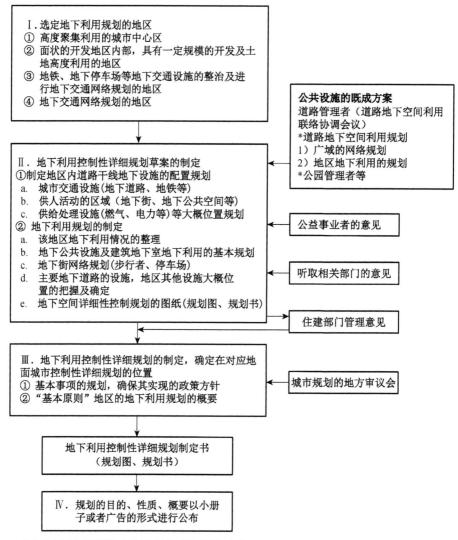

城市规划相关部门
区域的控制性详细规划
城市规划和建筑相关部门及公共设施（道路等）管理者共同构成

Ⅰ.选定地下利用规划的地区
① 高度聚集利用的城市中心区
② 面状的开发地区内部，具有一定规模的开发及土地高度利用的地区
③ 地铁、地下停车场等地下交通设施的整治及进行地下交通网络规划的地区
④ 地下交通网络规划的地区

公共设施的既成方案
道路管理者（道路地下空间利用联络协调会议）
*道路地下空间利用规划
1）广域的网络规划
2）地区地下利用的规划
*公园管理者等

Ⅱ.地下利用控制性详细规划草案的制定
①制定地区内道路干线地下设施的配置规划
　a. 城市交通设施(地下道路、地铁等)
　b. 供人活动的区域（地下街、地下公共空间等）
　c. 供给处理设施(燃气、电力等)等大概位置规划
②地下利用规划的制定
　a. 该地区地下利用情况的整理
　b. 地下公共设施及建筑地下室地下利用的基本规划
　c. 地下街网络规划(步行者、停车场)
　d. 主要地下道路的设施，地区其他设施大概位置的把握及确定
　e. 地下空间详细性控制规划的图纸(规划图、规划书)

公益事业者的意见

听取相关部门的意见

住建部门管理意见

Ⅲ.地下利用控制性详细规划的制定，确定在对应地面城市控制性详细规划的位置
① 基本事项的规划，确保其实现的政策方针
② "基本原则"地区的地下利用规划的概要

城市规划的地方审议会

地下利用控制性详细规划制定书
（规划图、规划书）

Ⅳ.规划的目的、性质、概要以小册子或者广告的形式进行公布

商业中心区控制性详细规划的制定手续及详细内容
交通干线地下公共利用的基本规划策定等的推进

图 1.16　地下空间控制性详细规划过程中的多方协作

来源:自绘

1.5 重庆地下空间规划的其他建议

1.5.1 完善地下空间规划编制的基础技术平台

我国地下空间规划的编制体系尚未成型,规范和技术标准也不统一,这成为地下空间规划编制的技术标准障碍。地面规划已积累了丰富的基础资料收集经验,地形图、地质灾害评价、土地权属等基础资料相对完善,也易于获取。而地下空间的基础地理信息资料却相对缺乏,受历史原因和地下空间多头管理的影响,对重庆主城区现状地下空间利用情况和工程地质、水文地质情况缺乏全面的掌握,尽管进行了地下管线普查,但部分管线的权属、使用情况等也尚未明确。同时,由于地下空间现状资料基本无法通过现场踏勘的方式直接获取,也增加了编制中基础资料收集和分析的难度。

地下空间的利用具有很强的不可逆性,一经建成,对地下生态系统的改变(如地下水流向、水位等)是永久性的,后期进行改造的成本非常昂贵,技术上也极为困难,对地面建设也有严重的制约。因此,在编制地下空间规划时必须十分谨慎,将地下空间作为一种宝贵的不可再生资源进行规划控制和保护性的开发利用,充分考虑整体和长远的建设需求,系统化、集约化地利用地下空间资源。

1.5.2 增强对地下空间严格的功能限制和防灾疏散要求

从满足人类日常活动的需要来看,地下空间的物理环境,特别是在采光、通风、湿度等方面的指标与地面空间的相关指标相比差异明显。地下空间不适用于对物理环境要求较高的城市功能,如居住、中小学、幼儿园、医院病房等。同时,地下空间防灾疏散问题成为地下空间规划设计中的重要制约因素,如重庆消防部门就规定地下空间的最大面积不得超过 20 000 m²,商业不得布置在地下二层以下。因此,地下空间利用规划将"人在地上、物在地下""长时间活动在浅层、短时间活动在深层"作为基本原则进行分层利用。

1.6 小 结

商业中心区立体化开发与属于人防部门管理的地下空间规划形成了冲

突,立体化发展要求一套从属于地面规划并与之相协调的地下空间规划体系,国内部分大城市已经进行了这方面的尝试,但是国家层面仍然没有法定的编制办法及管理程序。我国现存地下空间规划有两种形式:一种是与城市规划相分离的形式,一种是从属于城市规划共同审批的形式。商业中心区立体化的发展要求将地下空间规划纳入城市总体规划之中,共同执行审批程序。

通过对比中日地下空间规划控制条款可知,日本地下空间规划的聚焦点在人口密集区,如商业中心区及交通枢纽区域。日本地下空间规划体系注重的是协调各部门对地下空间的利用,地下空间规划一旦纳入城市规划就具有法定效力,必须执行,这促使了城市中心区地下空间网络化的形成。我国地下空间总体规划确定的重点区域是城市中心或副中心的商业中心区及轨道枢纽站点。地下街的规划是在交通枢纽站点步行范围内建立地下街,将地下街的发展视为一个区域。地下街源于与公共交通站点相联系的地下步道系统,地下街以地下公共步道为"发展轴"带动地下商业发展,并与其他地下空间及地下车库、地下商场连接,构成一个功能完备的地下街区。地下空间开发以轨道交通为"发展轴",在城市层面连接各中心区及其他区域,在步行范围内以轨道站点为"发展源"发展商业中心区的地下交通网络,即地下步行系统规划及停车系统规划,地下交通网络同时与其他换乘枢纽及其他公共交通衔接,形成整体交通网络通路。地下步行系统规划包含公共活动区域道路下地下步行通道、建筑物内部自动升降系统、建筑物内部商业设施通路三个主要部分。地下停车系统规划是以街区为单位进行地下停车库的连通,同时地下停车场与城市交通及换乘枢纽衔接,并与外围城市的公共交通形成通路。

城市商业中心区的控制性详细规划是地下空间开发中最重要的环节。控制性详细规划的重要作用是协调地下与地面空间的关系。控制性详细规划既要有刚性控制指标,也要有弹性控制指标,并被纳入地面规划共同执行审批程序。控制性详细规划的制定需要协调地面上下的发展关系,把握商业中心区地下空间的发展情况,以及协调区域内的相关权属利益。另外,地下空间规划需要增加防灾疏散的控制及完善基础技术平台(如地下空间信息平台、地下空间编制标准及规范等)。

2　商业中心区地下空间开发的管理政策

由对重庆商业中心区地下空间的调研可知,重庆地下空间利用的散点化、管理多头无序、开发各自为政的状态均是由缺乏相应的管理政策而导致的;另外,由于山地城市地形高差使地下空间产权管理与平原城市具有一定的区别,健全管理政策对地下空间的开发利用具有重要意义。上一章节的研究论证了现存规划体制已经不适应地下空间立体化发展,而规划体制的根源在于地下空间权属问题,只有在权属问题明确的基础上,规划编制才能有据可循,规划管理才可以平衡社会各阶层的利益。本章研究以制定权属明晰、效益公平、管理有序的重庆地下空间管理政策为目的而展开。

2.1　地下空间物权划分及管理

地下空间权是地下空间开发利用管理政策研究的基础,因此,应当首先明确地下空间权的相关问题。关于地下空间权的探讨一直以来都没有定论,地下空间权剥离于土地而独立存在,其出现是城市发展的必然结果,是城市空间发展的必然结果。

2.1.1　立体化土地利用促进了地下空间权的产生

在古罗马,所有权是绝对的。"土地所有权的效力范围以地表为中,延至地表上下的无限空间。"个人对于土地的所有权可以"上穷天寰,下及地心","土地属谁所有,土地的上空及地下也属谁所有"。随着社会生产力和科学技术的发展,城市化过程中人口增加,土地资源日渐稀缺,人们对于土地的开发利用逐渐从平面化走向了立体化,眼光开始投向地下。19世纪伦敦地铁的出现,标志着人类对地下空间的使用进入了新的时期。随后,地下空间形态大量出现地铁、地下管线,还有共同沟、地下商场、地下街、地下停车场以及大量军事设施等。这些主要是商业开发利用,原来的土地所有权绝对的理论显然不利于社会经济的发展,造成资源的大量闲置与浪费,这就要求在民事立法或财产立法中对地下空间的利用有所体现。于是,土地所有权相对的观念逐渐取代了土地所有权绝对的理论,一些土地私有制国家开始限制土地私有者对土地享有的绝对权利,以法律对其进行规制,由此产生空间权,即一种以地表之上空中或者地表之下地中的一定范围空间为客体的财产权(陈渝,2008)。根据空间权的理论,地下空间权可以分为地下空间所有权和地下空间使用权两种物权性质的权利。地下空间所有权是指对地表之下一定范围的三维空间所享有的占有、使用、收益和处分的权利。地下空间使用权则是以拥有在他人地表之下的空间建筑物或其他构筑物为目的而使用该空间的权利,地下空间使用权的目的是为了利用地下设施(赵奎涛,2008)。

2.1.2 我国地上、地表和地下分设使用权

世界各国或地区在尊重传统的土地所有权的同时,通过立法确认了其他权利人可以使用土地地上或地下的权利。传统的水平式的土地权利转变为垂直式,包括地上、地表、地下的立体空间的土地权利,提高了土地资源的利用效率。而且,地下空间利用的法律法规推进公益事业顺利开展,优先保证了市政、交通等公共设施的建造及维护,体现了社会公平,促进了地下空间有序开发及城市发展。

长期以来,我国的法律对地下空间的土地产权缺乏明确的界定,根据《中华人民共和国土地管理法》(以下简称《土地管理法》)规定,我国"实行土地的社会主义公有制","城市市区的土地属于国家所有","城市地下空间所有权归国家所有"。2007年公布的《中华人民共和国物权法》(以下简称《物权法》)第一百三十六条规定:"建设用地使用权可以在土地的地表、地上或者地下分别设立。新设立的建设用地使用权,不得损害已设立的用益物权。"对于这条法律规定,地下空间所涉及的土地产权是建设用地使用权而非他项权利,是可以等同于地表土地使用权的用益物权。《物权法》界定建设用地使用权可以在地上、地表和地下分别设定,这个提法解决了土地上下分权利用的问题,有利于拓展建设用地的使用空间,有利于土地集约节约利用。更进一步思考,地上是否也可以设置不同的使用权?比如地表到20 m的距离的使用权,标高20 m再到60 m的距离的使用权,按实际需求分段处理,也就是把建设用地使用权表述出了一个空间的概念。

2.1.3 我国地下空间权属管理及利用管理

地下空间的基本管理包括权属和利用两部分。土地权属管理是国家保

护土地所有者和使用者合法权益及调整土地所有权和使用权关系的管理,其中包括国家对土地所有权和使用权的必要限制。地下空间权属管理主要调整土地所有者之间、土地使用者之间、土地所有者与使用者之间、地面使用权与地下使用权之间的经济关系,是规范土地利用过程中人与自然之间和谐持续发展的关系。土地利用管理是国家通过一系列法律、法规和政策,采用行政的、经济的和宏观计划等手段,确定并调整土地利用结构、布局和方式,以保证土地资源合理利用的管理。

权属和利用管理都服从于土地管理的基本目的,即维护已确定的土地所有制和土地使用制,维护代表一国统治阶级利益的土地所有制及其产生的土地关系,最大限度地满足全社会对地下空间的需求,并保证地下空间资源合理有效利用。地下空间权的立法首先要解决的问题是地下空间产权的界定问题。地下空间权包括地下空间所有权、使用权、租赁权、抵押权、继承权等多项权利。根据物权法定的原则,地下空间权也应由法律来加以确认,并保障其权益。其次是要解决地下空间所有权的经济实现,即地下空间有偿使用的问题。地下空间权登记、各级市场税费征收管理、评估中介行业管理都是权属管理的重要内容。

2.1.4 我国地下空间所有权和使用权分离制度

按照现行有关法律的规定,国家按照所有权与使用权分离的原则,实行城镇国有土地使用权出让、转让制度,但地下资源、埋藏物和市政公用设施除外。这一制度的实质是土地所有者与土地使用者权利的分割:土地所有者将土地所有权中的占有权、使用权、部分收益权和部分处分权分离出来,仅保留部分收益权和部分处分权。虽然很多地方对地下空间的土地产权问题作了大量有益的探索,有的地方还制定了地方性的法规加以规范,但是各地做法不尽相同,缺乏统一性。

土地使用权和地下空间使用权存在以下关系:一是依法独立使用的地下空间,其土地权利确定为地下空间使用权,以出让方式取得的,确认为地下空间出让土地使用权;二是以划拨方式取得的,确认为地下空间划拨土地使用权;三是单建地下工程项目属于经营性用途的,出让土地使用权时可以采用协议方式,有条件的,也可以采用招标、拍卖、挂牌出让(以下简称"招拍挂")的方式。

必须将城市地下空间开发利用纳入房地产开发体系和城市规划管理体系,依法实行国有地下空间有偿使用与无偿使用相结合的制度。对投资进行公共设施建设的给予无偿使用,如人民防空工程、公共交通建筑等。对以经营效益为主要目的的,地下空间开发使用单位或者个人应当实行有偿使用。将地下空间使用权在一定年限内出让给地下空间开发使用者,并由地下空间使用者向国家支付使用权出让金,同时给出以下建议:

(1) 对单位和个人征用的土地应限制其地表以下使用权的深度,一般不应超过地下 10 m(或 10～20 m)[①]。特殊情况需要深挖的必须经有审批权限的部门审批同意后,方可实施。任何单位或者个人未经城市地下空间开发利用主管部门批准,不得在地表以下擅自修建建筑物。

(2) 由于地下空间开发投资较大,且需要借助多样的投资方式促进其发展,因此需要明确保证投资者的权益,给予投资者地下建筑物产权利益和使用年限。由于土地使用权分离制度,地下建筑物产权利益是指投资者对投资建设的地下建筑物拥有财产所有权,地下空间使用权出让按用途确定,最高年限为 50 年[②]。地下建筑物权利人可以通过买卖、赠予或者其他合法方式,将其地下建筑物产权转让给他人。

(3) 保证公共利益优先原则,即允许国家机关、社会团体、武装力量、企事业单位或者个人可以在土地使用权范围内,附带拥有地表以下 10 m(或 10～20 m)以内的地下空间开发利用权,作为防空工程、车库、仓储、生产车间及其他生活服务设施。在规定征用土地时除国家另有规划要求外,应包括地表以下 10 m(或 10～20 m)以内空间。

(4) 对预留地下第二层次以下开发建筑地段,上一层不得建筑重建筑物;地面高层建筑的桩基不得超过规定的深度,以免影响深层次地下空间的开发利用。特殊情况需要加深桩基的建筑项目,必须报城市地下空间规划主管部门批准。

(5) 对城市公共场所(公园、车站、码头、机场、绿地、道路、街道、空地等)的地下空间开发,即单独进行的大规模地下空间开发,则应明确其独立的地下空间使用权不受上部权属的制约。除按照人民政府防空工程建设规划开发利用外,由城市规划部门统一规划,用作电缆、进排水管线、煤气管道、供热、石油管道、地铁、地下街、地下停车场等公共设施建设。

---

① 该数值的确定需要进一步论证。
② 根据《中华人民共和国城镇国有土地使用权出让和转让暂行条例》第十二条规定,"土地使用权出让最高年限按下列用途确定:(一)居住用地 70 年;(二)工业用地 50 年"。

2.2 山城特性及地下空间立体化权属

2.2.1 地下空间的定义及平面范围

《建设部关于修改〈城市地下空间开发利用管理规定〉的决定》对城市地下空间的表述为："是指城市规划区内地表以下的空间"。除杭州市由于钱江新城的建设是单独编制的地下空间控制性详细规划案例,天津、上海、济南、深圳、葫芦岛等城市的"地下空间开发利用管理规定"(或暂行规定)中,城市的地下空间所在范围基本上与城市总体规划中的土地范围一致(表2.1)。因此,杭州地下空间的定义侧重于与地面建筑的关系,过于片面,而其他城市的定义则侧重于地下空间与地表的关系,更具有普遍性。从总体上讲,目前我国在法律层面还未对地下空间一词进行定义。从部门规章、地方性法规及规章来看,对地下空间的表述基本为地表以下存在的空间,即可理解为建筑四周处于地表或规划城市道路标高以下的空间。

表2.1 不同城市城市对地下空间的定义

城市	天津	上海	济南	深圳	杭州	本溪	葫芦岛	重庆
定义	○	○	○	○	●	○	○	○

来源:自绘
○ 城市规划区内地表以下的空间
● 指由同一主体结合地面建筑一并开发建设的地下工程(简称"结建地下工程")以及独立开发建设的地下工程(简称"单建地下工程"),包括地下停车位、公共停车场(库)、商业服务设施、物资仓库、民防设施、地铁场站等

2.2.2 山城地下空间权的复杂性

1) 山城竖向地下空间权的复杂性

目前,世界主要国家对土地所有权范围的限制,主要有四种情况:①土地所有者拥有深达地球核心的一切权益;②土地所有者拥有该处含有效利益的任何地方;③土地所有者只拥有地表以下一定深度的空间(如30 m以上);④私人土地所有者几乎不存在,因此地下空间资源归国家所有。

我国实行的是土地所有权和使用权分离的制度,因此,为保护依法获得土地使用权投资者的合法权益,在明确国家对地下空间的所有权之后,还需要明确地下空间使用权的主体,主体的权利范围、责任和义务等内容。

山城特性下的地下空间分层具有如下特点(图 2.1),如 A、E 两点均属于地表,C、B、D 对于 E 点均为地下,但是 C、D 对于 A 点为地上,由此可知山城地下空间利用的垂直权属问题非常复杂。

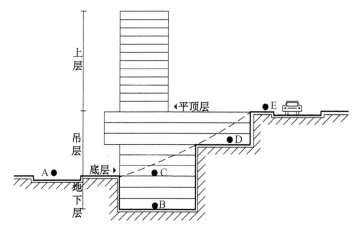

图 2.1 地下空间分层控制复杂性分析

来源:自绘

2012 年实施的《重庆市城市规划管理技术规定》第九条规定,"建筑楼面标高不高于相邻室外场地最低点标高 1 m 的,该楼面以下部分为地下建筑。除地下建筑以外的建筑均为地上建筑。建设项目规划设计应结合现状地形,与城市道路标高合理衔接。以堆土对建筑进行掩埋的,不视为地下建筑。"第十一条规定,"地上建筑水平投影总面积为以下两部分水平投影面积之和(叠加部分不重复计算):(一)四周均未被室外地坪掩埋的地上建筑。(二)局部被室外地坪掩埋的地上建筑,其非掩埋外墙对应的 16 m 进深部分;进深不足 16 m 的,据实计入"。

结合图 2.1,由《重庆市城市规划管理技术规定》可知:当 $h_{AC}>1$ m 时,C 点以下的部分为地下建筑,C 点以上的均视为地上建筑,应纳入容积率的计算;C 点至底层入口外墙距离大于 16 m 时,若用作车库,大于 16 m 的部分则不计入容积率,如是其他用房则计入容积率。

由此,地下空间权属在建筑层面得到了管理。但是在土地出让层面,如要对土地地下空间范围的使用权进行出让,需要根据城市规划的要求依法出让,未出让的地下空间作为城市公共空间,使用权归国家所有。在规划编制时,需通过三维空间坐标定位系统来界定宗地范围,根据每块地的具体情况对地下空间利用性质、规模、范围(四周界线、上下标高)要求等作出相应规定。

　　地下空间使用权作为土地使用权的一种形式①,应参照土地使用权的出让方式,如协议、招标、拍卖等。已取得地表土地使用权的业主应依法向主管部门申请以协议方式获取该地块的地下空间使用权;对经营性开发的地下空间,有可能的话,实行招标出让;对城市重要位置的地下空间,为实现土地资源的最大价值,通过公开拍卖的方式进行出让。此外,在有关法规中应考虑对公共利益的保障,如:在战争或其他紧急状态下,地下空间权利人应即时、无偿、无条件地提供地下空间用以防空、防灾等用途。

　　从紧凑建设的角度,资源开发利用需要聚集而紧凑,地下空间作为一种资源,在竖向上的利用应该有节制地得到控制,如日本的地下空间利用目前限定在 30 m 范围以内。国内目前地下空间的限定范围在地下 30 m 以内。为了科学合理地开发利用城市地下空间资源,迎合我国城市规划建设与发展需要,以及符合经济技术发展水平,将城市地下空间资源按竖向开发利用的深度进一步分为表层(0～−3 m)、浅层(−3～−15 m)、中层(−15～−40 m)和深层(−40 m以下)。山地城市地下空间开发利用的深度由于高差的存在,界定在 30 m 以内是不现实的。据地铁部门相关人员介绍,目前重庆地下空间的开发深度基本上达到70～100 m,较平原城市有巨大的特殊性。

　　2) 运用绝对标高及相对标高表示地下空间深度

　　重庆地质以岩层为主,地质情况好,地貌以丘陵和山地为主,与一般平原城市区别较大,地下空间分层问题复杂,因此,引入绝对标高和相对标高概念。绝对标高:按照重庆市规划管理的高程基准,其应采用 1956 年黄海高程系统。相对标高:在某较小区域(或地区),某深度地下空间的相对标高可以定义为某点与周边用地平均地面点或者该点上方的地面点的相对高程。引入相对标高的作用在于:在较小区域内,可以很清楚表示该空间点是否属于地下空间,以及地下空间的深度范围;可以明确表述与周边空间点的高程关系,较为方便地对相邻空间点进行连通规划和设计。但是,引入相对标高的弊端在于:大范围内使用时,会增加地形测量的工作量。

　　3) 规划层面地下空间分层管理的特殊性

　　主城区的最大高差达到 35 m 左右。因此,以绝对标高作为基准进行分层没有任何意义。在山地城市中的分层利用应该建立在相对标高的基础

---

　　① 《物权法》第一百三十六条规定,"建设用地使用权可以在土地的地表、地上或者地下分别设立"。

上,相对标高±0.000 的确定应该根据某地块的地形高差分析而得到。规划阶段就确定地下空间的分层,基本不具有实际意义。如图 2.2 所示,平场时以减少土方大规模开挖为原则,尽量顺应地形,如保留 A 点不开挖;地下空间点 B,原属于地下空间表层,平场后属于地下空间点;地下空间点 C,原为地下空间点,平场后露出地面。所以,山地城市的地下空间特殊性在于需要对某一地区进行平场设计,而后结合地面城市设计对地下空间进行设计。

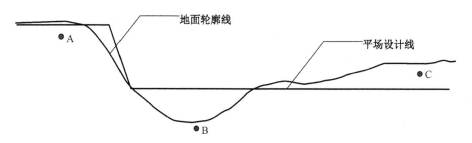

图 2.2　大规模平场情况下的地下空间分层
来源:自绘

因此,针对平场情况下的地下空间分层和地下空间规划,建议如下:

(1) 地下空间分层划分和地下空间规划之前,需要在完成审批程序的、合法的区域平场设计方案的基础上进行,以反映未来该区域实际的地下空间状况。

(2) 若平场设计在某地区地下空间规划(包括总体规划和控制性规划)编制完成之后才开展,则平场设计完成并经过审批、成为合法成果后,地下空间规划应根据平场设计方案进行修编或重新编制。

完成地形平场后的地下空间的分层应当坚持人、物分离,由上至下的竖向分层次序为:有分配(接纳)功能的市政管线层;人员活动频繁的空间层(商业、娱乐、轨道交通人员集散层和人行地道等);少人或无人的物用空间层(存车、储物、物流及设备等)。地下空间竖向层次划分中,各层规划建造地下设施,应当符合地下设施的性质和功能要求,总体原则是"该深则深,能浅则浅,人货分离,功能划分"。

4) 地下空间建设用地使用权实行分层登记

地下空间建设用地使用权实行分层登记的原则,且地下空间不能将地下每一层作为一个独立宗地进行登记。这种方式有利于地下空间资源的保护及开发,减少地下空间资源的浪费。

2.2.3 使用权分离制度促进地下空间紧凑型开发

《土地管理法》第二条规定，"国家依法实行国有土地有偿使用制度。但是，国家在法律规定的范围内划拨国有土地使用权的除外。"

《物权法》第一百三十六条规定，"建设用地使用权可以在土地的地表、地上或者地下分别设立。新设立的建设用地使用权，不得损害已设立的用益物权。"

因此，地下空间使用权是建设用地使用权的一种类型，与土地使用权一样应采取划拨或有偿使用的方式。目前，国内大城市也基本上是按照这种思路对建设用地地下空间使用权进行审批。

《上海市城市地下空间建设用地审批和房地产登记试行规定》第三条规定，"地下空间开发建设的用地可以采用出让等有偿使用方式，也可以采用划拨方式。"

《深圳市城市地下空间使用条例》第一条规定，"使用地下空间，应该按下列方式取得或设定权利：向主管部门申请，通过出让取得地下空间使用权（以下简称地下空间权）；通过转让方式取得地下空间权；因公共利益需要，在他人地下空间铺设地下市政管线的，依法设定地役权。"

《杭州市区地下空间建设用地管理和土地登记暂行规定》所称的地下空间建设用地使用权，是指经依法批准建设，净高度大于 2.2 m（含，地下停车库净高度可适当放宽）的地下建筑物所占封闭空间及其外围水平投影占地范围的建设用地使用权。

综上所述，地下空间使用权的获得由于使用权的立体化分设（地下、地表、地上分设）方式与地表及地上一样，因此地下空间使用权均应采用出让等有偿使用方式或划拨方式取得。这种分离制度将有利于空间权的分割利用及管理，促进空间利用功能的复合性，从而达到紧凑型立体化利用的目的。

2.2.4 地下空间使用权、地役权、优先权

1）地下空间使用权具有物权的一切特征

物权是民事主体在法律规定的范围内，直接支配特定的物而享受其利益，并得排除他人干涉的权利。《物权法》第一百三十六条规定："建设用地使用权可以在土地的地表、地上或者地下分别设立。新设立的建设用地使用权，不得损害已设立的用益物权。"因此，可以把地下空间使用权作为物权

的一种类型①。《物权法》中对建设用地所做的概括性规定,明确了建设用地使用权可以分层设立,将地下空间的使用纳入建设用地范畴。

2)地下空间地役权和优先权

除地下空间使用权以外,还应设定地下空间地役权和优先权,明确地下空间主体责任和义务(图2.3)。比如如何满足相邻土地权利人提出的某些通行要求,对此可以通过设定地役权来解决。所谓地役权,是指土地权利人(包括土地使用权人和地下空间使用权人)为本身土地的利用,要求相关土地权利人提供某种便利的权利。但这一权利仅限于市政管线和地下公共通道(包括人行、车行)的通行、通过或架设,需利用相邻土地的上下空间。地役权的设定,包括方式、期限、补偿、相互间权利义务等内容,应本着双方协商的原则。如果不能达成协议,可向主管部门申请仲裁。地下空间权主体的另一个责任和义务就是保证公共利益的优先,对此可通过设定优先权来解决,即在公正合理的原则下,地下空间的开发利用应保证市政公共工程和公益性工程的优先使用。

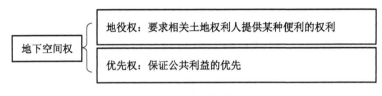

图2.3　地下空间权的分解图

来源:自绘

2.2.5　山城地下空间"先开发,后管理"的特殊策略

山城空间遵守《物权法》中所规定的,空间权利按地上、地下、地面分别设立。但对于山地城市而言,由于地下空间地下深度是在建筑物建成后得以确定的,地下权属也是在建筑物建成后得以确定(室外最低点以下1 m为地下空间),导致权属交易也需要"先开发,后管理"(图2.4)。具体可以分为以下两种情况:

(1)在原有建筑地下室进行地下空间开发,权利属于地下空间使用权获得者。新地块地下空间开发,拥有地面使用权者具有地下空间开发的优先

---

① 物权具有如下特征:物权是支配权;物权是绝对权(对世权);物权是财产权;物权的客体是物,且为有体物;物权具有排他性;物权作为一种绝对权,必须具有公开性,因此物权必须要公示;物权立法采用法定主义。

权。地面、地下分属不同使用权者的开发情况需要双方协商解决。市政设施具有开发的优先权。

（2）整体进行开发的，地面与地下属于同一使用者，由使用者自行行使使用权。分属于不同使用者的，由建设管理单位确定地面、地下的权利，然后进行分层管理。

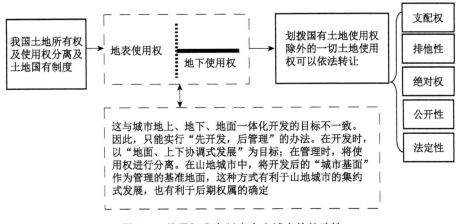

图 2.4　使用权分离制度在山城中的特殊性

来源：自绘

2.3　地下空间管理体制及激励政策

2.3.1　地下空间开发原则

1）公共利益优先原则

紧凑型城市要求能够提高城市基础设施和服务的效率，实现低成本、高效率的行政财政运营，以及实现公共交通高效化，因此，建立紧凑型城市应保证公共利益优先（海道清信，2011）。城市商业在公共利益与私人利益发生冲突时，如市政设施的建设与商用地下空间开发发生冲突的过程中，应该优先考虑公共设施的开发利用。

2）地下空间优先开发原则

重庆作为地形高差极大的巨型山地城市，在城市建设过程中，应该鼓励地下空间的开发，特别是半地下空间的利用，利用地下空间屋顶创造城市基面以提供平坦的公共活动空间。城市建设方案在审批的过程中，应该改变过去对城市景观宏伟高大的追求，而从利用地形为城市空间提供容量的角度进行审视,有效运用地下空间向下垂直发展的优势,促进城市建筑与环境协调发展。

3) 城市设计方案实施原则

地下空间设计一般是在城市设计阶段形成,在城市设计过程中建筑适应地形而产生城市不定基面及地下空间。因此,地下空间的城市设计及修建性详细规划对于地下空间的利用具有决定作用。但是目前由于城市设计方案一般都不具有强制性要求,地下空间的利用也常常只是"纸上谈兵"。所以,保证地下空间与地面空间一体化城市设计的实施对城市空间的利用具有重要意义。

2.3.2 地下空间规划工程管理

1) 地下空间规划管理的主体与事权

地下空间开发利用管理主体多元,包括规划、建设、土地、房产、民防、消防、环保等部门,如表2.2所示。具体而言,规划主管部门负责地下空间规划的编制及部分审批,核发地下空间选址意见书、建设用地规划许可证、建设工程规划许可证,对地下空间信息实行动态管理;建设主管部门负责地下空间的建设施工管理,核发地下空间施工许可证;土地主管部门负责地下空间使用权的取得,核发土地使用权证书;房产管理部门负责地下空间的登记,核发地下空间所有权证书;民防主管部门负责民防工程的规划、建设、管理;消防机构负责地下空间的消防安全监管;环保部门负责地下空间的环境影响评价及其他环保工作。

表2.2　涉及地下空间的相关法律法规及具体职能

部门	所属	条文	具体职责
规划	国家	《中华人民共和国城乡规划法》	规划主管部门负责地下空间规划的编制及部分审批,核发地下空间选址意见书、建设用地规划许可证、建设工程规划许可证,对地下空间信息实行动态管理
建设	国家	《中华人民共和国建筑法》	负责地下空间的建设施工管理,核发地下空间施工许可证
土地	国家	《中华人民共和国人民防空法》	负责地下空间使用权的取得,核发土地使用权证书

部门	所属	条文	具体职责
房产	国家	《中华人民共和国城市房地产管理法》	负责地下空间的登记,核发地下空间所有权证书
民防	国家	《中华人民共和国人民防空法》	负责民防工程的规划、建设、管理
消防	国家	《中华人民共和国消防法》	负责地下空间的消防安全监管
环保	国家	《中华人民共和国环境保护法》	负责地下空间的环境影响评价及其他环保工作

来源:笔者与"城市地下空间开发利用规划编制与管理"课题组共同完成

通过对附录 B"国内主要大城市地下空间规划管理事项对照表"进行总结研究可知,目前中国地下空间开发在大城市中均由地方政府进行管理,国家层面没有相关的规范和制度,这给地下空间在中国的发展带来了巨大的阻碍。一方面没有相应法规,另一方面在资金来源上较为单一,致使地下空间的利用在我国不能得到有效的发展。城市中心区紧凑式发展要求各城市管理部门及开发商、交通部门等建立相互协作的机制,颁布有相互配合作用的法规以促进城市中心区的繁荣发展。

2) 规划管理程序

与地面建筑结合开发的地下工程随地表建筑一并办理用地审批手续。单建地下工程则由建设单位按照基本建设程序取得项目批准文件和建设用地规划许可证。通过招标、拍卖或挂牌出让方式取得地下空间建设用地使用权的,凭地下空间建设用地使用权出让合同到发改、规划、建设等部门办理项目备案(核准、审批)、规划许可、施工许可等手续。无论是以划拨还是招拍挂方式取得地下建设用地使用权的,地下空间获得建设用地规划许可证的方式相同,均受规划主管部门的制约(图 2.5)。规划主管部门对地下空间开发是否合理起到关键作用,因此需要加强规划主管部门对地下空间的

图 2.5　地下建设使用权的取得方式

来源:自绘

专业管理,在规划主管部门分设审核地下空间方案、协调地下空间与周边建筑关系的部门。

3)"一书两证"的核发

为促进地下地面一体化开发,地下空间的规划工程管理与地面相同,进行"一书两证"的核发(图 2.6),包括选址意见书(提出地下空间使用性质、水平投影范围、垂直空间范围、建筑规模、出入口位置等规划设计条件),建设用地规划许可证(明确地下空间使用性质、水平投影范围、垂直空间范围、建设规模、出入口和通风口的设置要求、公建配套要求等内容)和建设工程规划许可证[明确地下建(构)筑物水平投影坐标、竖向高程、水平投影最大面积、建筑面积、使用功能、公共通道和出入口的位置、地下空间之间的连通要求等内容]。

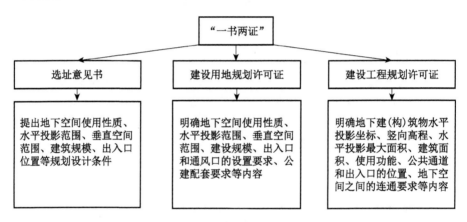

图 2.6 "一书两证"的内容及控制要素

来源:自绘

地下空间利用可分为结合地面建筑开发和单独开发。结合地面建筑进行的地下空间开发,如车库、地下商业街等,结合地面建筑一并办理相关规划手续。单独开发建设的地下空间根据《物权法》可分层确定土地使用权,但涉及市政项目的,其程序上还存在一定的不规范。如人行的通道目前较少办理建设用地规划许可证,地下轨道区间及站场也未办理建设用地规划许可证。涉及与周边项目有用地矛盾的,采取协商解决等办法,最终也不办理国土手续。地下空间开发利用相关规划手续的办理还有待进一步规范。

4)地下空间土地供应方式

地下空间作为城市空间资源中的一种类型,需要实行有偿、有期限的使用方式。在"公共利益优先"的原则下,地下建设用地使用权除符合划拨条件外,均应实行有偿、有期限使用。对平战结合的人防工程以及市政道路、公共绿地、公共广场等已建成的公共用地的地下空间进行独立经营性开发的,应当采用招标、拍卖、挂牌的方式出让地下建设用地使用权。地下交通建设项目及附着地下交通建设项目开发的经营性地下空间,其地下建设用地使用权可以协议方式一并出让给已经取得地下交通建设项目的使用权人(图2.7)。

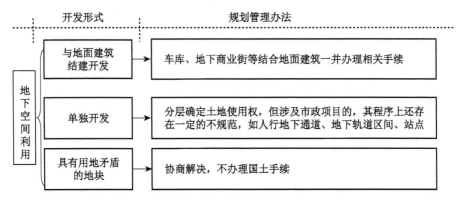

图2.7 地下空间利用不同开发形式对应不同规划管理办法

来源:自绘

依据"公共利益优先"的原则,国家公共设施如用于国防、人民防空专用设施、防灾、城市基础和公共服务设施的地下空间,其地下建设用地使用权取得可以依法采用划拨的方式。根据"地下空间的地役权及优先权"的内容,面向社会提供公共服务的地下停车库、物资仓储等地下空间建设用地和用地单位(国有企业)利用自有土地开发建设的地下停车库,可以划拨方式供地,但不得进行分割转让、销售或长期租赁。新供地用于社会公共服务的单建式地下停车场,可以协议方式取得。由政府投资建设,与公共设施配套同步开发且难以分离的经营性地下空间,可以协议方式取得。由于紧凑型立体化开发的需要,新供地用于地面建筑同步开发的地下空间,依据地面建筑的性质同步进行划拨或招拍挂的土地供应程序。

2.3.4 管理体制

英国1978年制定了内城区域法(Inner Urban Areas Act),进行旧城区的再开发;1980年又制定了地方政府、规划及土地法(Local Government, Planning and Land Act),指定企业区(Enterprise Zone),成立城市开发公司

(Urban Development Corporation)，以刺激旧城区经济的复兴和城市的繁荣，在市中心区选定 11 个再开发地区，其中 5 个已在 20 世纪 80 年代以前完成再开发，其他则是陆续进行并完成，这对中心区的复苏起到了重要作用（童林旭，2005）。

1）建立商业中心区核心管理机构（TOM）

建造紧凑型城市的关键是建立多层次的中心区，城市中心区的发展在紧凑型城市的发展过程中具有重要作用。城市中心区是城市问题的集中地，也是城市发展的动力集合。由日本的经验来看，城市中心区需要建立独立的城市管理组织（TOM）对城市中心区进行管理，由该组织对城市中心区的各种问题进行协调；在英国，城市中心区管理人（TCM）在实现中心市区活力的过程中，起着重要作用（海道清信，2011）。

2）建立严格的地下空间管理体制

早期地下空间开发量不多，且面对的问题也较为简单，管理较为分散。很多地下空间利用的项目按照现在的消防法都无法通过，需要进行多次专家讨论、政府审批，有的方案甚至要被放弃，这种情况导致地下空间开发效率低下[①]。另外，地下空间的规划、建设、管理由民防主管部门负责，这种管理体制不适应现代城市发展。借鉴日本的管理经验，我国地下空间开发应该相应地分为交通、市政、民防、商业四大部门[②]，即使由于平战结合的需要，将民防与商业经营结建，也不应将商业经营部门划入人防部门。地下空间应该按照不同的权属进行管理，独立商业经营者对所开发的地下空间进行各自的管理。

地下空间目前的管理与地面建筑的管理程序一致，与地面建筑执行同样的程序。但是，地下建筑的审批过程远比地面建筑要复杂。因此，在规划、房产、土地、民防、消防、环保各部门设独立的地下空间管理部门，各部门之间保持协作关系，同时可以与所在部门的地面建筑审批进行协作，以此满足地下空间利用管理的要求（图 2.8）。

3）建立地下空间信息管理平台

地下空间规划及开发是建立在对地下空间现状了解的基础之上的。重庆由于以往缺乏对城市地下空间的管理，相关资料极为匮乏，难以支持地下

---

① 来源于上海市城市规划设计研究院访谈。
② 根据城市中心区地下空间的利用情况，基础的城市设施都可以放入地下空间利用。1989 年，日本的建设、运输通商产业、农业水利、邮政、消防的各部门，在国会中提出了大深度地下利用及相关的检讨意见。各部门对地下空间大深度利用如下，建设省：地下道路、铁道、河川和下水道干线。运输省：地下铁道。通产省：共同物流中心，地域防灾中心亦即电气、GAS、工业用水道、热供给等事业设施。农水部：给排水。邮政部：地下邮政输送、电气通信设施，等等。

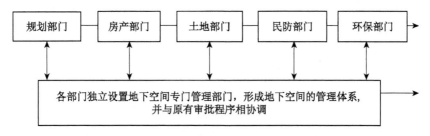

图 2.8　地下空间规划管理审批程序

来源：自绘

空间的管理和进一步的开发工作。因此,对全市或重点地区的地下空间利用现状进行调查,建立地下空间信息管理平台系统是当务之急。普查的地下空间开发利用类型应系统全面,包括地下建筑、地下道路、地下管线等各类地下应用形态。同时,地下空间开发利用的调查应和地面空间开发利用情况的调查相结合,以形成地面地下空间开发利用一体化和综合化信息平台,为城市的综合开发利用提供直接指导。

地下空间开发利用信息平台的建设是重庆地下空间开发利用的一项关键性工作。地下空间开发利用信息平台不仅应集中已有地下空间建设的所有成果信息,实现档案电子化管理,还应不断吸收最新的地下空间建设动态信息和规划信息,体现城市地下空间开发利用的整体情况和发展趋势。地下空间开发利用信息平台应实现信息的互联共享,明确地下空间管理信息的报送和统计制度,并提供各部门之间的信息共享。该信息平台将可为地下空间的规划、设计、事故应急、维护、整修等提供详尽、准确的信息支持。

2.3.5　激励政策及民间投资

相对于地面建筑而言,地下空间的建设成本高、周期长、风险大且回报率低。既需要制定一整套激励政策,鼓励开发商积极投资地下空间建设,同时也需要制定一系列的管制要求,规范地下空间开发行为,以达到合理开发的目的。地下空间的开发利用固然是土地价格上涨和经济技术条件已经具备这一推力和拉力相作用的结果,但政府在这一过程中的积极引导也极为重要。发达国家从可持续发展战略出发,对开发、利用地下空间实施相应的优惠措施和管制办法。重庆市可吸收采纳国内外城市对开发利用地下空间资源方面的成功经验,制定符合实际情况的激励政策,如地下空间土地出让金激励办法、投融资促进办法、捆绑开发办法、税收优惠办法等①。同时,也应对地下空间开发利用实施一定的管制,如:实施环境影响评估和交通影响评估的强制性要求;地下连通的强制性要求;地下空间地役权和公共优先权的设定等。

山地城市具有发展地下空间的天然优势,且由于地形的原因,山地城市在发展过程中,建筑适应地形设计,形成了多层次的城市基面及半地下空间,成为城市立体化发展的样本。山地城市的这种城市形态的特殊性,在城市规划立法及管理方面需要特殊的政策及管理。而重庆地下空间开发利用的政策尚不完善,其政策法规的建立应该在国家相关法律法规政策的基础上,吸取其他国家及城市的发展经验,并结合重庆山地城市半地下空间、多层次城市基面、立体化城市发展形态的基础,对地下空间进行立法和管理。如美国战后城市矛盾尖锐——城市郊区化和中心区衰退,政府为进行旧城中心区的再开发,制定了相应的法规及激励政策。1954年,美国制定了新的居住法(Inhabitant Act),将城市再开发的对象从居住区扩大到城市的荒废区和不良区,进行以复苏中心区为目的的综合再开发,制定了一系列鼓励开发中心区的政策,例如容积率补贴政策,使开发者(即投资者)获得循序开发的额外面积,还对从事商业、工业和社区开发的民间投资提供30%的低息贷款,从而调动了私人资本投入城市再开发的积极性,形成以民间投资为主导的再开发事业(海道清信,2011)。

2.3.6　法规体系及技术规范

1) 我国地下空间相关法律、法规、规章

我国法规体系的等级层次包括法律、行政法规、地方性法规、自治条例和单行条例、部门规章、地方政府规章等。目前,国内各地各部门均积极推进地下空间的相关立法工作,各层次均已有法规成果。相对于发达国家和地区的地下空间立法,我国在这一领域的立法工作相对滞后,这与我国所处的社会经济发展阶段是紧密相关的。当前,我国正处于地下空间利用的快速发展阶段,关于地下空间的基础立法亟待开展。我国与城市地下空间开发利用相关的法规体系包括城乡规划法规体系、土地管理法规体系和人民防空法规体系,各法规与地下空间利用相关的条文见附件D。

各法律法规及技术规定内容主要涉及地下空间开发利用的所有权、使

---

① 目前,深圳地下空间开发鼓励周边建筑与地下商业及地铁地下通路连接,每个接口支付100万元,这种政策无形地促进了城市地下空间的连通。

用权、管理主体及事权、规划管理程序、工程建设与使用等。各地各部门根据自身情况对上述各方面进行了规定,内容不一、各有侧重。但总体来说,由于缺乏协调机制、激励机制、补偿机制,在不同程度上存在地下空间管理不畅、投资单一、进度迟缓等问题。地下空间利用在国家层面尚未涉及地下空间权这一基础立法,而各地方政府的法规多侧重于如何利用地下空间方面,对地下空间权的取得、权属、登记、转让等方面的立法仅有上海市、南京市进行了尝试。重庆市地下空间规划的主要依据为:《中华人民共和国城乡规划法》《中华人民共和国人民防空法》《城市地下空间开发利用管理规定》《重庆市城市规划管理条例》《重庆市城市总体规划(1996—2020)》《重庆市主城区综合交通规划(2010—2020)》《重庆市人防工程建设总体规划》《重庆市城市规划管理技术规定》。需要尽快增加相应的法规及技术规范以促进、保证地下空间的有效利用。

　　2)重庆缺乏相关法规及技术规范

　　地下空间的开发利用,离不开法律法规的规范。要实现地下空间的一体化开发、规模化利用,就要实现地下空间开发利用的综合管理,其前提是必须要有较为完善的法律法规体系。但由于国家和地方层面立法的空缺,地下空间管理体制呈现多头管理、权责不清的局面。地下空间权属关系不明确,大部分地下空间及设施的权属确定都处于无据可循的状态。现有的规范和标准包括结构、交通、人防、消防、防火等安全使用标准和规范,涉及空间、结构、支护、排水、防水等设计、施工和使用等各个方面,共同形成我国地下空间开发建设的技术基础体系。

　　近年来,地下挖掘技术突飞猛进,地下空间应用范围也不断拓展,在工程实践中出现大量设计标准、规范和与经济、环境相关的问题,地下空间开发在快速发展中面临新的挑战与机遇。对于近年出现的新型地下空间设施,如地铁、共同沟、地下街、地下雨水储库、地下道路等设施的规划、设计还缺少山地特色的技术规范。

　　3)重庆需要增加的法律法规条文

　　紧凑型城市中心区的开发要求健全的法规体系。法规体系是地下空间管理的根本,重庆除须遵守国家各等级层次的法规体系之外,还应该加强重庆市地方政府地下空间开发利用法规体系的建立。笔者建议新增以下技术标准及法规:

　　(1)山地城市地下空间竖向分层控制标准;

　　(2)山地地下街设计规范及标准;

　　(3)山地地下商场设计规范及标准;

（4）山地地下通道设计规范及标准；
（5）重庆市地铁规划设计规范及管理；
（6）重庆市地铁建筑设计规范及管理；
（7）共同沟整备相关特别措施法；
（8）民用地下空间消防设计标准；
（9）重庆市地铁开发建设工程管理标准。

2.4　小　结

1）地下空间权属特性及山城特殊性

城市中心区立体化的土地利用促进了地下空间权的产生，国外地下空间权的立法提高了土地资源的利用效率，推进了公益事业的开展，保证了公共设施的建造，维护了社会公平。《中华人民共和国物权法》规定地上、地表和地下分设使用权。地下空间权包括地下空间所有权、使用权、租赁权、抵押权、继承权等多项权利。土地使用权和地下空间使用权存在以下关系：一是依法独立使用地下空间，其土地权利确定为地下空间使用权，以出让方式取得的，确认为地下空间出让土地使用权；二是以划拨方式取得的，确认为地下空间划拨土地使用权；三是单建地下工程项目属于经营性用途的，出让土地使用权时可以采用协议方式，有条件的也可以采用招标、拍卖、挂牌的方式。

地下空间开发管理主体多元，包括规划、建设、土地、房产、民防、消防、环保部门等，工程管理实行"一书两证"，包括选址意见书、建设用地规划许可证、建设工程规划许可证。地下空间利用可分为结合地面建筑开发和单独开发。结合地面建筑进行的地下空间开发，如车库、地下商业街等，结合地面建筑一并办理相关规划手续。单独开发建设的地下空间，根据《物权法》可分层确定土地使用权，但涉及市政项目的，其程序上还存在一定的不规范。单建地下工程的建设单位按照基本建设程序取得项目批准文件和建设用地规划许可证，向土地管理部门申请建设用地批准文件，结建项目随地面建设工程一并向城乡规划主管部门申请。

2）山城地下空间管理政策的特殊性

地下空间的开发利用应纳入房地产开发体系和城市规划管理体系。对地下空间使用权的深度进行一定限制，引入绝对标高和相对标高的概念，地形高差大的区域要结合地面和城市设计对地下空间进行一体式开发设计。山地城市的另一特殊性在于地上、地下使用权分层原则，与城市立体化开发,地上、地下、地面一体化开发的目标不一致,因此只能实行"先开发,后管理"的方针。在开发时,以地面、上下协调式发展为目标,在管理时将使用权进行分离管理,以平场后的"新地面"与城市道路标高相同的基准面作为相对零标高进行分层管理。

重庆地下空间开发应该遵守公共利益优先原则、地下空间优先开发原则、城市设计方案实施原则;在土地供应方式上应该实行地下空间有偿、有期限使用制度,使用权分层登记,即每一层作为一个独立宗地进行登记。同时,应考虑增设以下法规体系:重庆市地下街标准、地下车库标准等,建立各管理部门相互协作的机制,在规划部门、房产部门、土地部门、民防部门、环保部门独立设置地下空间的专业管理部门,与地面项目审批程序相协调。

3 重庆商业中心区地下商业空间整治与开发策略

第二章对重庆商业中心区地下空间形态进行了分类,具体分为人防地下工程、建筑地下室、交通枢纽地下空间三类。重庆地下商业空间具有开发量大、形态多样、散点分布的特征,这也是商业中心区地下空间的主要形态。参考国外城市发展的经验,几乎都是一边进行地下空间的新建,一边对原有地下空间进行整治,最后新旧连通成统一的地下空间网络。针对重庆城市中心区巨大的地下商业空间现存量,需要对其进行功能整治,运用商业管理手段对其进行管理,从而提高经济效益。

3.1 地下商业的形态、业态、档次对应关系及特点

3.1.1 地下商业的主要业态

重庆商业中心区的地下商业中,建筑地下室商业占整个地下空间的51%,独立人防工程地下商业占40%,交通站点地下商业仅占9%(图3.1)。五大商业中心区地下商业的业态分布中,超市百货、服饰及餐饮所占的百分比均约30%,是地下商业利用的主要业态。综合评价而言,低档服饰、中档超市百货、中高档餐饮娱乐是地下商业运用的主要形态特征,其次是专业市场及生活杂货(图3.2)。

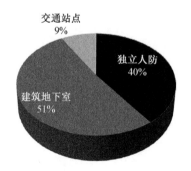

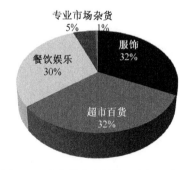

图3.1 五大商业中心区地下空间形态比例　**图3.2 五大商业中心区地下空间业态分布**
来源:自绘　　　　　　　　　　　　来源:自绘

1) 服饰

通过业态分布分析可知,低档服饰主要是指在各商业中心区独立人防地下商业街中的低档服饰。这类服饰售价低,品种多样,供货来源多,可以

满足市区低端收入人群对服饰多样化的需求。

2）超市百货

由于商业中心区面积较小,且较为集中,进入商业中心区的客流均以步行为主。因此,超市集中布置在沿街地下室成为商业中心区地下空间利用的主要手段,且大型超市与地下车库相连通,成为商业中心区大型地下超市利用的又一特色。

3）餐饮娱乐

重庆的餐饮文化远近闻名,并且成为重庆的一张名片。地下餐饮娱乐包括地下小吃街、地下酒吧、地下娱乐会所等。这些场所对光线的要求不高,且品牌餐饮本身更加注重内部装饰。因此,地下餐饮娱乐也成为地下空间利用的另一个主要方面。

4）专业市场

专业市场的产品包括品牌运动系列、品牌电子信息产品(中国移动通信)等,消费者对其购买的需求一般来源于目的性需求。因此,目前将一部分专业市场放入地下,这种放置对产品的销售影响不大。

5）生活杂货

由于重庆城市发展迅速,外来人口众多,消费水平参差不齐,因此,许多高架桥或者地下通道的地下空间分布了出售生活杂物的店铺,如杨公桥地下街。

3.1.2 地下商业业态各阶段发展情况(表3.1)

表3.1 地下商业各阶段发展情况及业态比例

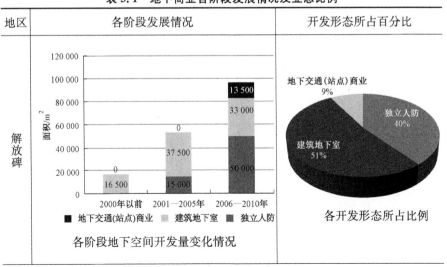

地区	各阶段发展情况	开发形态所占百分比
特点	解放碑地区最初的地下空间利用形态是建筑地下室。2001—2005年,由于发展的需求,投入部分人防工程,但是仍然以地下室利用为主;2006—2010年,独立人防工程大量用于商业空间,随之开发的还有部分地铁站点商业。总体而言,建筑地下室所占比例达一半以上,独立人防占40％,交通站点仅占9％	
观音桥	 各阶段地下空间开发量变化情况	 各开发形态所占比例
特点	观音桥商业中心区始建于2003年,建筑地下室、人防工程与地面开发同步进行。2001—2005年,观音桥商圈迅速建立,地下空间得到了大规模的利用;2006年以后,由于商业中心发展趋于饱和,所有地下空间发展趋于迟缓。建筑地下室开发量与独立人防开发量相当,交通站点仅占3％	
南坪	 各阶段地下空间开发量变化情况	 各开发形态所占比例
特点	南坪商业中心区的巨大发展始于2005年以后,地下空间的大规模开发则得益于万达广场的建立及南坪交通枢纽的建立。2005年以前,地下空间业态主要是独立人防;2005年以后随着新城开发,建筑地下室利用比例增高,总体比例达86％,而独立人防及交通站点地下商业开发仅占12％和2％	

地区	各阶段发展情况	开发形态所占百分比
三峡广场	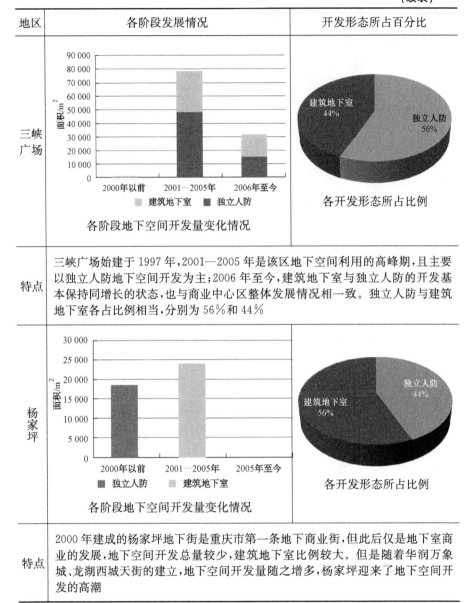	
特点	三峡广场始建于 1997 年,2001—2005 年是该区地下空间利用的高峰期,且主要以独立人防地下空间开发为主;2006 年至今,建筑地下室与独立人防的开发基本保持同增长的状态,也与商业中心区整体发展情况相一致。独立人防与建筑地下室各占比例相当,分别为 56% 和 44%	
杨家坪		
特点	2000 年建成的杨家坪地下街是重庆市第一条地下商业街,但此后仅是地下室商业的发展,地下空间开发总量较少,建筑地下室比例较大。但是随着华润万象城、龙湖西城天街的建立,地下空间开发量随之增多,杨家坪迎来了地下空间开发的高潮	

来源:自绘

3.1.3 重庆五大商圈地下空间业态开发现状及整治对策研究

1)五大商圈地下商业的业态分析

笔者对重庆五大商圈的调查统计数据表明,重庆商业中心的地下商业中,建筑地下室的地下商业占整个地下空间的 51%,独立人防工程的平战结合占 40%,交通站点的地下商业仅占 9%。2000—2005 年,独立人防的开发量虽然与建筑地下室的开发量相差无几,但是高层建筑的地下室仍然是与人防工程结建而投入使用的(如金源不夜城及华宇广场地下商场)。因此,2000—2005 年人防工程的平战结合利用仍然是地下空间利用的主要方式。

由图 3.2 可知,五大商圈地下商业的业态分布中,超市百货、服饰及餐饮所占的百分比均约 30%,是地下商业利用的主要业态。

2)各商圈地下空间利用规划综合评价

(1)解放碑:开发量大、无特色、使用率低。作为重庆最繁华高档的商业中心,解放碑地下空间的利用始于高层建筑的地下室。2000 年前后,地下空间均来源于高层建筑地下室,直到 2005 年,随着其他商圈地下街的利用及轻轨 1 号线的建立,解放碑的开发才重新得到重视。如今,其地下空间利用仍以建筑地下室为主,地下人防为辅,地下交通商业取得初步发展。

(2)观音桥:开发量大、有特色、使用率较高。观音桥商圈是新开发的一个商业中心区,其地下空间利用始于 2003 年以后商圈的建设。高层建筑的开发促进地下室发展,同时地下人防工程也投入使用,人防工程及建筑地下室的比例接近 1:1。2001—2005 年,观音桥大量商业设施的兴建促进了地下空间开发量的增长,如金源不夜城的面积近 40 000 m²。但是,即使轨道 3 号线开通也未能促进地下交通的利用,地下交通仅占 3%。

(3)南坪:开发量大、有一定特色、品质参差不齐。南坪商圈新建筑的建立促使大部分地下负一层用于销售高档品牌服饰(如上海城)及开设地下超市,而万达广场项目则利用半地下空间的优势设计了一条餐饮文化街。南坪商圈地下空间的利用代表了目前重庆地下空间利用的先进理念及设计。2006—2010 年,南坪商圈以建筑地下室为主体,大力发展地下空间,建筑地下室空间达 86%。

(4)三峡广场:无特色、品质差。三峡广场各商圈与其他商圈的最大不同在于,其人防地下空间所占份额比建筑地下室大 12%。三峡广场建立的历史最早,高层建筑大都是在 2005 年前建立起来的,当时地下空间开发的技术及思想相对落后,地下空间利用主要是人防工程的平战结合,地下空间业态定位低、空间质量低下。2001—2005 年是三峡广场地下空间开发利用的一个高峰期,主要以独立人防地下空间开发为主。

(5)杨家坪:开发量少、无特色、品质差。杨家坪商圈 2000 年以前均是地下人防工程商业街,并存在少量地下通道,2000—2005 年随着高层建筑的建立,建立了大规模的地下商业,但是单个高层建筑地下室规模较小。杨家坪属于五大商圈中发展最落后的区域,地下空间开发总量较少,建筑地下室比例较大。

3)中日地下商业开发模式对比

日本的地下街发展较为成熟,其多为独立建设,而重庆地下商业街是为人防平战结合进行建立,所以日本和重庆地下商业街必然存在差异。笔者以东京的八重洲地下街、大阪的长堀地下街和钻石地下街、福冈的天神地下街为例,来探讨重庆和日本的地下街发展模式的异同,以期为重庆地下街的开发总结经验。

通过对比,可分析出重庆和日本地下空间业态分布的相同点:①重庆地下商业街及日本几条地下街经营服饰占比最大,并且日本占比略高于重庆;②重庆和日本的地下空间都存在一定比例的超市,但是重庆地下超市的比例远超日本;③重庆和日本地下商业均有餐饮,但是由于日本地下空间消防规范发展成熟,其餐饮比例远超重庆。

重庆和日本地下空间业态分布的不同点:①重庆各个地下空间都存在部分专业市场,而日本一般不存在专业市场或者存在比例较小;②由于重庆的部分地下空间环境低劣,城市经济发展不平衡,存在小比例的杂货,而日本不存在;③日本的地下街发展历史悠久,业态布置及空间形态均较为成熟,与地面商场无异,存在专门的服务设施,空间品质更高;④重庆的地下空间主要分为建筑地下室和人防工程,服饰或杂货多布置于人防工程,餐饮和超市等多布置于建筑地下室,并且建筑地下室的业态档次高于人防工程的业态,日本的地下街多为在道路下独立建设,业态分布较为稳定,各地下街差异不大;⑤日本地下空间的业态档次高于重庆地下空间,且日本地下商业街多具特色及商业吸引力。

4)结论:中日对比的启示及地下空间业态规划的建议

(1)重庆地下街需要提升消防安全及空间品质。通过对重庆和日本地下空间的调研数据分析,可看出重庆市商业中心地下空间业态量的关系为:服饰>超市>专业市场>餐饮>杂货,而日本地下街的地下空间业态分布优先级为:服饰>餐饮>超市>服务设施>专业市场。其中,日本地下街服饰比例略高,重庆地下街超市和专业市场比率更高,重庆没有服务设施,重庆地下餐饮设施受消防规范的影响导致比例低下,但是有增高的趋势。因此,重庆地下街只有提升消防安全及空间品质,才能更有效地利用地下空间。

(2)地下空间的独立开发及平战结合空间的再开发利用。从地下空间的业态分布可知,地下街的业态分布与地下空间的类型具有相关性。重庆的地下空间中,人防工程或者交通站点一般布置服饰和杂货,建筑地下室一般布置超市和专业市场;而日本地下街独立建设业态则比较比例稳定。重庆的地下街开发主要采取建筑地下室和人防工程相结合的方式,导致单个地下空间形态低端,限制高端业态的发展。应完善地下空间的独立开发制度,进行规模化的开发及平战结合空间的再开发利用。

3.2 商业中心区地下空间利用的问题分析

通过上一节的分析可知,各商业中心区地下商业利用中,人防地下街的利用品质低、无特色、开发量大,是地下商业需要整治的主要对象。而高层建筑的地下室由于地面商业的带动,空间档次较高,问题并不突出。由此,笔者对人防工程地下街的主要问题进行分析并提出整治策略(表3.3)。

表3.3 重庆地下商业营运出现的问题分析

出现的问题	发生的原因	导致的结果
人防地下街开发过多	受商业地产利润驱使,人防部门一窝蜂地开发地下街,导致商业开发过量	地下街互相竞争,导致市场被不断分隔,地下街无法生存
地下街购物环境低劣	现存地下街大部分来源于人防工程的平战结合利用,环境品质低下	成为低档商品的聚集地
人防地下街设计缺陷导致经营困难	业态限制,使最具吸引力的餐饮业、大型商店、娱乐业无法进驻; 法规对地下街的规定过严,造成地下街管理成本过高; 人防地下街宽度较窄,很难美化商业空间环境	地下街某些地区的顾客集中或稀少,整体分布不均; 地下商家付出的管理费与维护费接近或多于商业收入
面对商业竞争,地下商业无法有效应对	无专业的经营团队或是缺乏专业反应能力,无法对抗地面商圈的竞争; 地下商业缺乏联合经营的策略与概念; 地下商业的经营方针错误	顾客只去百货商场,不肯到地下街购物; 内部恶性竞争使地下街趋向低价商品市场
无特别的吸引力	地下商业不举办公共活动,或举办的活动不具魅力,无法吸引地面人流; 地下商业不具备特色亮点以及吸引人的商店; 地下商业环境给人低廉、脏乱、仅为通道的不良印象	人们不愿进入地下街,而随着来客数的递减,地下街渐渐走向没落

出现的问题	发生的原因	导致的结果
管理不良	开发与经营团队不愿承担管理责任； 开发商只着眼短期投资回收,将产权拆分销售； 政府无强力的监督机制； 地下街无完善的管理机制	店家陷入产权与管理权的纠纷,无力经营商店； 政府职能部门对地下街的衰败"袖手旁观"； 地下街无法有效管理,设备与环境每况愈下,使民众对其的印象更差

来源:自绘

3.2.1　地下街本身无特别吸引力

由于政府过于追求地下空间的开发绩效,没有考虑区域整体的商业容量,以及对地下街开发进行控管,加上开发商一窝蜂地盲目投资,造成在市场需求量不大的状况下,却在同区域密集开发大量地下街,这些地下街往往会吸引对方的客源,最终导致恶性商业竞争[1]。即使在地下街控管严格的日本,同城市内有 2 个以上地下街的情形也很常见。东京、大阪与名古屋市是拥有地下街最密集的三大都会圈,甚至有同一个影响范围设置数量达 8 条地下街的情况产生[2]。

面对竞争力增强的情况,本身没有特殊吸引力的地下街便会遭到市场淘汰,这也是经营失败最常见的主要原因,几乎所有经营不良的地下街都存在这种问题。不具备吸引力的地下街往往与以下原因有关:

（1）地下街环境千篇一律。

（2）地下街环境品质低劣,嘈杂拥挤,成为低质商品的聚集地。

（3）地下街没有特别强调的商品,陈列的商品过于一般,或是没有特别的商店能专门吸引人想去购买。

（4）地下街没有举办能吸引人的活动,功能仅限于购物,没有公共活动,显得无趣。

3.2.2　无法有效应对周边商业的挑战

即使除去性质相同的其他地下街,地下街的竞争对手还包括周边地面

---

[1]　如重庆面积不到 2 km 的解放碑地区,2003 年只有商业面积 7 000 m² 的丽岛春天地下街,但到 2005 年,同一地区就通过 5 个地下街开发,使商业面积成长到 60 000 m²。原本丽岛春天地下街就已出现经营问题(在 3 年的经营中,已歇业达 10 次,数次无法供应空调与电力,并有日来客数只有 20 人的情况,且三度异手,现已改名为"解放碑 81 汇金时尚购物街"),再加上近 9 倍的地下街商业开发,可想而知解放碑地区地下街经营的艰难程度。类似失败的案例在我国部分城市都可见到。

[2]　名古屋站前地下街便是由名古屋车站周边的 8 条地下街组成的。

商圈与大型百货公司等大规模的聚集型商业。竞争对手也非固定不变,即使营运状况非常稳定的地下街,也可能被新出现的商业击倒。此时,地下街若无专业的经营团队,或是团队的能力不足而不能预先拟定对策,地下街的经营压力很快就会增加,并失去与其他对手相抗衡的优势。

3.2.3 地下街内部管理不良

内部管理不良直接导致地下街朝着内部环境恶劣的方向发展。导致出现内部管理不良的因素很多,最常见的是由于使用权所有人(民防部门或开发商)急于回收成本,将地下街产权拆开售出。拆分产权的方式会使管理权责归属模糊化,在缺少强力管理体制的情况下,无法约束各商家按原有商业规划经营。另外,内部环境质量会因无人维护逐渐下降,最终使地下街沦为廉价商铺的集中地,充斥着低档商品与伪劣产品,形成地下街营运的恶性循环。最典型的例子如解放碑丽岛春天,同属这种情况的还有中国台湾的高雄地下街。

3.2.4 经营方针错误

较常见的情况是经营者对地下街经营方针判断错误,例如与地面过于同质无法形成互补,或是所在区位无法因此类消费产生聚集行为。总而言之,还是由于对地下街经营方针分析不够周全所致。如解放碑区域的地下街,由于商圈整体定位高端,地下街环境却没有得到提升,依然与其他商圈一样定位中低档,自然导致经营惨淡。再如南坪浪高地下街,其所处位置为商业中心区的核心区域,规模较大,但是其经营模式却沿袭服装和生活用品等低档商品的模式,加之南坪本来客流量较少,因此地下街经营效益低下。此外,有一些中高档地下商业由于经营不善也难以发挥其作用。比如观音桥的金源不夜城,接近 4 万 m² 的地下商业空间,通高 8 m,内部空间为拉斯维加斯风格装修,在空间环境上较之其他商业街具有很大的优势,但是由于其经营主导夜间休闲娱乐,白天少有人光顾,造成了很大的资源浪费。倘若其改变经营理念,在白天引入一些商业活动或公共活动,将会更好地发挥该地下商业的经济效益。

3.3 重庆商业中心区地下街整治策略

3.3.1 合理整合地下空间资源

由于城市发展速度快,重庆人口城市化速度远大于城市建设城市化速度,导致城市发展基础设施不足、城市空间拥挤、空间资源利用不平等多种城市矛盾。由前述调查可知,目前许多地下空间成为低收入人群的消费聚集地:高架桥及立交桥下的地下空间由于产权不明晰,成为低收入人群的居住及消费地;人防地下街由于开发投资小、见效快、利用成本低等特点,常常成为学生、蓝领阶层的消费场所①。因此,笔者建议将构筑物(高架桥、轨道交通、高速公路等)地下空间纳入地下空间管理体系,进行统一管理。由于国土面积狭小和城市聚集发展的需求,日本是将桥下、路下空间与地下空间同步进行管理的典范②。目前,重庆已经开始考虑将高架桥下地下空间作为地下车库,也出现了轻轨站下的房屋、旧防空洞室的商用情形,未来的整治在统一管理的情况下将会发挥更大的作用,为城市发展弥补空间资源。

重庆各商圈 2010 年已存在大量的地下空间资源(62.7 万 m^2),但由于经营不当,常常出现利用率低、经济效益低的情况。因此,对各商业中心区地下空间(特别是人防地下街)的整治具有重要意义。

3.3.2 商业管理专业化

商业管理③是商业地产的核心内容,地下街开发作为商业地产开发的一种新形式,应该与地面商业同步进行商业管理。地下街主要来源于人防的平战结合利用,政府不直接经营地下街,但掌握产权并有一定的控制权与监督权,而人防部门由于缺乏有效的商业管理经验,导致地下街经营惨淡。因此,笔者认为在这种情况下委托专业的商业管理团队经营地下街是合理的

① 据附件 C"重庆商业中心区地下空间调查问卷"。
② 日本国土资源管理网。
③ 针对商业性质物业(地产),使之能够顺利开展经营活动而进行的所有管理行为,统称为商业管理。按照对特定的商业性质物业(地产)所进行的管理行为的实施顺序,商业管理内容如下:
第一,商业物业(地产)项目建设之前
策划定位:项目的整体定位、商业功能定位、商业业态定位、建筑产品定位、经营品类定位、目标品牌定位、目标顾客定位等十大定位问题,确定项目的建设方向、定位目标。商业规划设计:包括总平概念规划、商业规划布局、商业动线设计、店铺柜位划分、物业标准确定、设备配套选型、项目扩初设计审核及顾问咨询、项目施工图设计审核及顾问咨询。
第二,商业物业(地产)项目建设中期
商装设计:对商业物业的内部空间、外部空间、灯光照明、导购指示、商装标准进行设计,以保证商业的空间环境、视觉效果与项目的商业定位和品牌要求和谐统一。包括商业空间概念设计、商业照明概念设计、商场专柜店面设计、导购指示标牌设计、外立面和外广场概念设计。地产销售(如需要):策划并确定项目包装概念、投资价值、销售卖点、定价策略、销售策略、销控策略、聚客策略和危机处理策略等,帮助开发商实现资金回笼和投资收益。
第三,商业物业(地产)项目建设后期
招商:主力店招商、一般品牌店或店铺招商。运营管理:商场开业筹备,组建商业管理团队,进行各项商业管理培训、品牌优化和客户训导,指导店铺形象、品牌形象及商品陈列,监督指导商户的销售管理、商品管理、员工管理、促销管理、顾客管理、规范管理等。

选择,也是未来地下街经营管理的主要趋势。地下街在管理模式上与地面商业日渐趋同。①

专业化的商业管理能使地下街更趋于大型百货业的经营管理模式,地下街商家能避免出现各自为政与不合理竞争的情况,并有可能采取相互合作、公司化及合并经营等各种灵活的经营理念,同时也能够有专人来控制地下街的环境质量,使其朝着人性化与特色化的方向改进。所有调整策略的执行都需要在地下街有专业经营管理团队的前提下才能达成,因此地下街经营的策略调整,专业化的经营管理为其核心策略。

3.3.3 政府主导及私人投资的环境整治

经过以上的分析可知,重庆地下街目前最大的问题就是购物环境低质化。大量的人防平战结合的地下街经过环境整治后投入市场使用,其经济价值会相当可观。资金来源方面,必须吸引民间资本的介入,才能改变现在人防部门垄断管理的局面,提高投资者的积极性,促进地下街的良性竞争。如日本地下街的建设一般都是当地政府及私人共同出资完成的(表 3.4)。地下街的环境改造需要本着"以人为本,创造舒适购物场所"的原则,进行以下几个方面的改造。

表 3.4 日本部分地下街的事业主体构成情况

地下街名称	事业主体名称	资本金	出资者构成
川崎站东口广场地下街	川崎地下街(公司)	49 亿 400 万日元	川崎市(41.3%) 神奈川县(20.5%)
神户 baparando 地下街	神户地下街(公司)	5 646.8 万日元	神户市(44.4%) 兵库县(2.8%)
大阪 taiyamondo 地下街	大阪市街地开发(公司)	2 亿日元	大阪市(34%)
京都御池地下街	京都停车场	10 亿日元	京都市(45%)

注:出资者未标出部分为民间资本部分

来源:地下都市計画研究会,1994. 地下空間の計画と整備_地下都市計画の実現をめざして—[M].東京:大成出版社

1)地下街商铺面积及步道面积的调整

目前,地下街的步道面积普遍比较窄,约 3 m 左右(高宽比 $d:h=1:1$),空间压抑,且不利于安全疏散。因此,根据日本及国内其他城市的经

---

① 据附件 C "重庆商业中心区地下空间调查问卷"可知,目前人们选择地下街大部分是因为地下街的价格优势。

验,地下街步道宽度应该大于等于 5 m,在条件允许的情况下,为了设置用于休憩的座椅等,可将地下街宽度设为 8～12 m。

2）对地下街界面进行统一的规划整治

地下街店面形成地下街道的界面,对街道空间的形成具有重要的影响。现存地下街店面均较为混乱,以商品本身作为店面的分隔,显得杂乱无章。地下街顶界面的设置存在暴露管线等问题,需要运用防火材料对其进行重新设计,并改善照明条件,从而提升空间品质。

3）创造节点空间

重庆地下街都较长,却没有设计空间节点,即使有也只是一个拥挤的转换场所。地下街的空间节点的设置须结合消防疏散及购物心理的需求,每 50 m 设置一个小节点作为心理上的停留,每 200 m 设置一个大广场作为购物的休息、休闲公共区域。可布置景观小品及座椅,使之成为地下街的景观节点及公共地下空间节点。同时,在入口及与其他地下街连通的街口处设置广场,作为人流的疏散地及空间的识别点。

4）引入文化与自然的元素

目前地下街缺乏文化环境的创造,基本都是堆砌的商品,自然无法形成归属感及场所感,不能吸引人的停留。地下空间环境设计中若引入文化与自然,可以创造出生动而富有情境的空间环境,达到吸引人流的目的,打破人们原有的不良印象。例如日本大阪的长堀地下街在改造升级时,通过打造 8 个主题广场及布置各种建筑小品,在地下街创造出人性化的环境。

3.3.4 商业统一经营

空间的立体化设计只能解决空间在立体上的连通性,为了商业经营的协调化,须改变目前个体经营的现状,而采用经营联盟、合作经营的形式,这对地下商业的发展具有巨大的推动意义。如日本与我国台湾地区的地下街经营更像地面商业街的经营模式,由各商家与管理主体所组成的管理委员会来推进地下街的发展,因此能做到地下街的整体宣传与举办各种公共性活动,商家需要形成由相互竞争转变为联盟的共识才可能达成(刘皆谊,2009)。

统一化经营概念还包括地面上下商业的统一经营,借由地面商业参与地下街的经营,化解彼此的竞争压力。合作不但使彼此更具竞争力,同时也能重整城市的区域商业。地下街与地面商圈进行商业合作的理念,在国内外都有增加的趋势,如我国上海徐家汇地下街与港汇广场、美罗城相接所形成的区域商业,以及日本名古屋地下街与周边百货形成的商圈,都是地下街与地面商业典型的合作案例。此趋势也表示城市地上地下的商业彼此之间开始发现合作的价值,并打破经营界限,以共同发展来创造更大的商业效应(刘皆谊,2009)。

3.3.5 重塑地下街形象

笔者运用图式心理学原理(袁红,2013),论述了地下空间场所感的创造是一个时间、空间、地点、事件相互作用的结果,文化的认同是一个漫长的过程,需要借助媒体宣传、公共活动的共同作用。地下街在进行经营调整、环境改善的同时,也需要同步进行新形象的包装与宣传,使顾客重新认同地下街的场所感。经营团队开展计划性的宣传活动、实施建立网站等策略,能塑造出地下街的整体形象。而借由重塑整体形象,改变消费者对地下街脏、乱、差的负面印象,使消费者愿意再去地下街消费,并吸引外来客源,以此扩大地下街的经营范围。

日本和我国台湾地区的地下街策略调整中,很注重地下街整体品牌化的创造与搭配。以台北对地下街的整体形象塑造为例,台北市为改变之前消费者对地下街的不良印象,除塑造地下街自身特色与建立专属网站外,也结合各方资源密集配合节庆持续举办城市公益、促销、推广等各类联合活动,成功创造出台北地下街的品牌形象(刘皆谊,2009)。

3.3.6 凸显地下街经营特色

需要对地面商业形成差异化竞争,价格上的优势是远远不够的,价格优势并不能提高地下街的商业地位。因此,地下街商业需要根据所处的商业环境、区位对自身特色进行定位,寻找功能与特性的差异,来与地面商业进行互补,形成自身的竞争力。例如台北市后期开发的西门町地下街,针对青少年以经营电器类商品为主,东区地下街则是与地面商圈互补的中档次商品与餐饮,而龙山寺地下街配合地面以经营玉器文物为主。

挑选特色商家也是定位地下街特色常用的调整策略之一,包括利用引入主力店与具有发展潜力的中小型商店,对地下街形成拉抬效应,或是扩大至塑造地下街整体主题。例如我国广州以“亚洲最大动漫专卖”为地下街主题的动漫星城,同时设置贩卖传统商品的商店,以作为凸显地下街经营特色的策略;上海人民广场的香港名店城及迪美新时代广场均是打造特色商业的成功案例(图3.3)。

重庆地下商业开发应该根据商业中心区的不同发展特点选择合适的业态。对解放碑而言,地下服装的比例较少,而地下娱乐设施及餐饮设施发达;对三峡广场而言,地下服饰所占比率较高,但是缺乏地下娱乐等设施;观

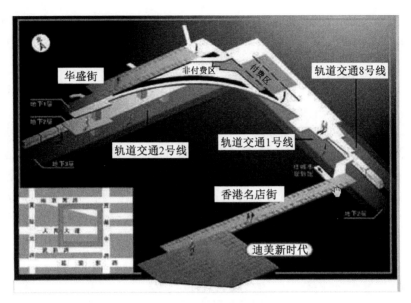

图3.3　上海人民广场地下商业及轨道站点分布

来源：互联网

音桥的地下业态较为丰富,地下空间的利用率较高,但是缺乏相应的广告宣传;南坪作为新区,由于客流量少,目前地下空间使用情况较差,但是随着城市的发展,应该会有所改良。因此,各区地下空间的利用应该在服饰、餐饮、娱乐、超市、专业市场、生活杂货方面有一定的配比关系,各区使用情况可以互相借鉴、相互补充,结合各商业中心区的定位,进行地下商业的业态规划,例如:沙坪坝可以增加中低档地下娱乐设施及地下餐饮设施;而解放碑可以增加中高档地下服装及地下专业市场功能;观音桥应增加地下空间宣传活动,及在地下空间引入主题公共活动,增加场所感;南坪则应该降低地下商业发展的速度,提升品质,吸引客流。

地下商业布置还需要考虑商业中心区功能特殊性,如福冈天神地区作为福冈的商业中心区,地下业态主要集中于服饰、生活用品、化妆品等,而博多地下街由于是交通枢纽地下街,业态主要集中于食品、工艺品等。因此,地下商业的利用必须与整个商业中心区的发展定位结合起来。如解放碑朝天门地区一直以来就是服饰批发市场,因此地下空间的利用应该将此点进行考虑。另外,三峡广场高铁站的建立将三峡广场定位为对外交流的一个窗口,因此可以考虑将重庆地域特色业态引入其地下空间。南坪商业中心区地下空间利用可以依托南坪茶园新区信息电子产品的制造,地下空间分布信息类产品的业态,而杨家坪地区则同样可以考虑九龙坡地区摩托车的地下销售及推广。总之,地下空间的利用应该积极地挖掘地区业态的特殊性,形成自身的独特性以吸引消费者。

3.3.7 合理的商业布局及分区

1) 适应人的购物心理

将地下空间业态有效分区,考虑业态布局的科学性,考虑人的购物心理及步行流线特征(图3.4)。将目的性强的业态布置在人流难以到达的空间,目的性不强的业态布置在出入口;另外,还需要考虑同类型的业态应集中放置,坚持整体化及多样化并重的业态分区方式,减少顾客在地下空间的分区穿梭,减少地下空间的迷路化,同样地下空间的分区管理也是消防的需求;地下业态与地面商业相协调,引导地下交通枢纽的人流进入地面及楼宇空间。

图3.4 不同业态可达性需求情况

来源:范宏涛,2012. 山地城市大型商业建筑空间可达性研究[D]. 重庆:重庆大学

2) 引入主力店

通过对国内外地下街的经营业态研究可知,任何一个成功的地下街商业发展模式都离不开主力店的引入。主力店被称为 Anchor Stores,它像锚一样,牢牢定住商场的形象、定位和价值。主力店知名度高、信誉好,有强大的集客能力,消费者被吸引进入商店后,就会同时光顾周边的零售店铺。主力店的分类并没有统一标准,根据经验倾向于把主力店分为百货商店、大卖场、专业店等,主力店都是具有品牌号召力、聚客能力、良好的企业形象的商业品牌,如麦当劳、肯德基、百盛等大名牌商家。深圳益田假日广场是深圳唯一拥有双地铁站厅的地铁上盖物业,连通地铁1号线和2号线,现有3个地铁出入口与益田假日广场商业零距离接驳,项目地下三层设有大型巴士换乘站,该项目聚集了新世界百货、嘉禾影院、全明星冰场、四海一家餐饮主力店,极大地繁荣了地下商业。

3）运用主题式分区

运用主题分区可以将漫长的地下街分段,分主题发展赋予空间以性格,创造独特的场所感。如南京爱尚街(图3.5)在地下街各段进行不同主题的商业业态分区,分别为外贸名品廊(外贸经营)、食尚元素(特色餐饮)、摩登地带(淘你喜欢的商品街)、儿童天地(儿童读物、服装、婴幼儿用品)、酷玩地带(青少年特色经营)、格调生活馆(家庭用品)六种主题的分区,彼此各有特色也互相有联系,形成地下商业的主题分区,既具有导向性也能够创造富有特色的场所感,给顾客留下深刻印象。

图3.5 南京爱尚街主题策划

来源:互联网

以上对地下街进行整治的方式需要彼此联合运用,比如主力店的引入需要配合地下街环境的整治来完成,主力店需要大开间、大进深的空间场所,以及宽阔的入口广场。因此,经营管理与设计只有密切结合起来,才能最终达到地下空间利用整治的目的。

3.4 商业中心区地下空间开发策略

3.4.1 发展轨道商业带动地下空间开发

公共交通站点对地下空间利用具有巨大驱动作用,地下商业的发展必须依托轨道交通站点的发展。根据国内外的发展经验,地下空间开发利用成功的案例无不是借助地铁而发展的地铁商业。日本地铁商业开发商众多,如:东京地铁股份有限公司在近30个车站拥有200个店铺,年销售收入达到200亿日元,为加强商业设施的开发,东京地铁股份有限公司还成立了METRO资产管理公司,专门负责开发新兴商业;某些小型公司专注于某一区域甚至某一站,精耕细作亦有所成,单新宿站就有5个公司参与经营(其中新宿地下停车库株式会社就是一家成功的地铁开发公司)。香港地铁有限公司(MTR Corporation Limited)是成功的香港地铁运营商,九龙站香港金融中心的开发是轨道交通枢纽成功的商业综合开发实例(图3.6)。

商场

发展历史

图 3.6　九龙站香港金融中心
来源:互联网

　　据重庆轨道公司相关人员介绍,目前重庆地下人防商业系统与地铁商业还属于各自分离的状况,这不利于地下商业的发展及商业中心的整体发展。如三峡广场地铁站与庞大的地下商城没有任何接口,与之相连接的钻酷商城由于接口过小,类似通道,且入口地下商铺过于零碎化,使整个商业不具有吸引力,原本可以吸引人流的优势完全没有得到发挥。

　　地下空间商业规划应依托地铁建设而进行,并考虑与现有地下商业相连接。如若地下商业规划滞后于地铁建设,再改变的难度较大,将为今后的商业开发带来影响。我国地铁商业开发的模式有以下几种情况(表3.5):

表 3.5 我国地铁商业的开发模式

开发模式	开发运作思路	优缺点比较	主要代表
地铁公司独立开发模式	① 地铁公司成立专门的地铁商业开发机构 ② 开发机构对地铁商业物业进行统筹策划、包装 ③ 开发机构通过广告、代理等方式出租商铺 ④ 地铁公司负责地铁商业物业的维护、管理	优点:保证地铁商业开发收益流入地铁公司; 缺点:商业运作不专业,存在较大的运营风险	广州地铁 上海地铁
合作开发模式	① 地铁公司引入专业机构合作开发,具体形式包括整体物业包租、股权合作等 ② 专业机构(或项目公司)负责商业物业的整体策划、包装、代理出租等经营活动 ③ 地铁公司负责协调商业物业运营和地铁运营	优点:专业运作,提高商业物业利用效率; 缺点: ① 地铁公司收益相对较小 ② 协调成本增加	深圳地铁 南京地铁
开发商独立开发模式	① 通过招拍挂等方式取得土地 ② 与地铁公司协调规划、施工、运营管理等问题 ③ 自行策划、招商、管理	优点:产权清晰,市场化运作; 缺点:地铁建设与商业开发不同步,协调成本高	深圳市益田集团股份有限公司

来源:自绘

重庆地铁开发仅限于站点开发,对周边地块还没有获得自主开发的权利,所有开发管理均属于重庆市地产集团,这导致重庆地铁商业发展缓慢(据前面数据分析仅占 9%),且与周边地块的开发连接不紧密,不能发挥地铁的巨大商业聚集效应。

3.4.2 利用山城竖向开发优势进行规模化开发

山城较平原城市在形成平面步行网络方面较差,但具有竖向开发的优势,且山城具有地下空间规模化开发的地质条件,因此对山城进行深度开发而扩充城市容量,对提高城市集聚发展具有重要作用。重庆"人多地少"导致的都市区绿地不足①、休闲设施不足、城市空间拥挤问题,在将大部分功能置入地下之后可得到解决。

如加拿大蒙特利尔地下城的开发(图3.7),该地下商城始建于1962年,当时只是几位发展商为1967年世博会提出的构想,以纽约洛克菲勒中心为蓝图,由建筑师 M. I. Pei 负责修建。1966年,蒙特利尔地铁竣工,随后许多地铁站附近的地下综合中心开始修建。其中,位于玛丽城广场的购物中心是在地铁站 Bonaventure 修建的第一个地下综合中心,也是占地面积最大的购物中心,共有四层,地下三层、地上一层,用通道将蒙特利尔最古老的地铁站、贝尔中心、商业中心、办公区连接在一起,而玛丽城广场部分也成为整个地下商城的中心。经过半个世纪的发展,区域的地下空间成为集商店、餐馆、影院、办公大楼为一体的地下城。据官方统计,地下商城长约23 km,占地400万 m²,共连接了10个地铁站,2个公共汽车终点站,拥有1 200个

图3.7 蒙特利尔地下城内景
来源:互联网

图3.8 多伦多伊顿中心内景
来源:互联网

---

① 据2003年数据,都市区绿地总面积1 715.28 km²。其中生态绿地1 653.36 km²,占都市区绿地总面积的96.39%;建成区园林绿地面积61.92 km²,占都市区绿地总面积的3.61%。建成区绿地率19.61%,绿化覆盖率21.17%,人均公园绿地面积4.96 m²(按非农人口计算)。绿地各项指标均未达到国家标准,在全国34个省份中位列倒数第二。广东、江苏等省市人均绿地面积均达到10 m²以上。

办公点、200 个餐馆、40 家银行、40 家影院、2 个大型购物商场、近 2 000 家店铺、3 个大型展览楼和其他娱乐场所。此外,奥林匹克公园、贝尔中心、蒙特利尔火车站、艺术广场等也都位于地下城中。地下商城大约有 200 个进出口,每天大约有 50 万的人流量。人们可以在地下从位于 Bonaventure 地铁站的贝尔中心一直走到 Berri-UQAM 地铁站,全长约 3 km。而 Berri-QUAM 地铁站作为蒙特利尔地铁橙线、绿线和黄线的中转站,可以方便人们乘地铁去其他任何地方。地下城灯火辉煌,如同白昼。初入地下城的人并不觉得自己是在五六米乃至十多米深的地下。地下城所有的长廊里布置有各种花草树木,利用电灯光促其生长,即使室外大雪纷飞,地下空间的花照样开、树照样长,一片生机勃勃。花草树木间安置各种凳椅,供游人、顾客休息。

3.4.3 地下空间的多功能复合利用

目前,重庆商业中心区及国内大部分城市的地下空间的功能仅仅停留在商品零售,而经研究表明,几乎所有地上的功能都可以建于地下。因此,在消防安全能够保证的前提下,将大量功能置于地下也是地下空间利用的重要方面。如加拿大多伦多伊顿中心(图 3.8),其地铁网络相当完善,多条线路可以将乘客带到城市的各个角落。以每个地铁站为中心修建的地下通道密如蛛网,并呈辐射状延伸到地上的许多餐馆、公寓、银行、商场和写字楼。在地下城中,总共有 27 条主要通道以及数不清的分支通道,最长的通道长达 10 km。它们将地铁站与 50 多幢写字楼、6 家大饭店和 1 200 多家地上商店连成一体,地下城里商店的总面积达 37 万 m²。此外,地下城的下面还建有可停放数万辆汽车的停车场。

诚然,地下功能的复合化利用及深度开发都是建立在地下空间开挖技术可行的前提下进行的,并不是一蹴而就的。日本地下街取得今天的成就也经过了接近一个世纪的探索,其间也出现出事故与失败。蒙特利尔地下城的建立也用了约半个世纪的时间。对于我国而言,地下空间利用刚刚起步,在吸取发达国家经验的基础上,结合国内目前的经济技术水平进行地下空间理智开发是可取的。建立多功能的地下城市是一个漫长的发展过程。

3.5 小 结

商业中心区地下空间一般可以分为人防工程地下空间、建筑地下室、轨道站点地下空间及交通设施(高架桥、轨道、道路)地下空间四类。根据重庆地下商业的调查研究发现,早期的地下商业空间发展受制于人防工程,呈现出低质、散点状态,因此需要加强地下商业的整治工作。而对于交通设施地下空间则应进行政府主导的整治,在保证安全卫生的情况下进行利用。

目前,重庆商业中心区地下商业具有无吸引力、无竞争力、内部管理不良、经营方针错误等问题,在整治策略上需要专业化的商业管理,通过政府与民间资本共同治理、商业统一经营、重塑地下街形象、凸显经营特色以及合理商业布局等手段进行改造及优化。

新地下商业项目开发,需要与轨道交通站点开发同步进行,以利用巨大的人流聚集作用促进商业的发展,并且借助山城竖向开发的优势进行规模化、多功能的复合利用。

4 研究总结

4.1 建立适应商业中心区地下空间利用的系统、协调型规划

商业中心区的立体化发展要求地下空间规划从属于地面规划并与之相协调。通过对比中日地下空间规划控制条款可知,日本地下空间规划的聚焦点在人口密集区,如商业中心区及交通枢纽区域。日本地下空间规划体系注重的是协调中心区各部门对地下空间的利用,以促使地下空间网络化的形成。商业中心区地下空间开发以轨道交通为"发展轴"在城市层面连接各区域,在步行范围内以轨道站点为"发展源"发展商业中心区的地下交通网络。

地下街的规划将开发地下街视为一个城市区域。地下街源于与公共交通站点相联系的地下步道系统,以地下公共步道带动地下商业发展,并与其他地下空间、地下车库、地下商场相连接,构成一个功能完备的地下街区。

城市商业中心区的控制性详细规划是地下空间开发中最重要的环节。控制性详细规划的重要作用是协调地下与地面空间的关系,运用刚性及弹性控制指标进行控制,并应纳入地面规划共同执行审批程序。控制性详细规划的制定需协调地面上下的发展关系,把握商业中心区地下空间的发展情况,以及协调区域内的相关权属利益。

4.2 健全权属分明、效益公平的管理政策

城市中心区立体化的土地利用促进了地下空间权的产生。我国《物权法》规定地上、地表和地下分设使用权。地下空间利用需要结合地面城市进行一体式开发。地上、地下使用权分层原则,与山地城市立体化开发,地上、地下、地面一体化开发目标不一致,只能实行"先开发,后管理"的方针。在开发时,以地面上下协调式发展为目标,在管理时将使用权进行分离管理,以平场后的"新地面"与城市道路标高相同的基准面作为相对零标高进行分层管理。重庆地下空间开发应遵守公共利益优先原则、地下空间优先开发

原则、城市设计方案实施原则;使用权分层登记,即每一层作为一个独立宗地进行登记。

4.3　地下空间商业整治及开发策略

重庆商业中心区现存大量地下商业空间,由于人防工程的限制,地下商业存在无吸引力、无竞争力、内部管理不良、经营方针错误等问题。专业化的商业管理可以促进商业统一经营、重塑地下街形象、凸显经营特色、合理商业布局等方面的改造及优化。新的地下商业开发,需要与轨道交通站点开发同步进行,以利用巨大的人流聚集作用促进商业的发展,并且借助山城竖向开发的优势进行规模化、多功能的竖向复合利用。

参考文献

中文文献

阿里·迈达尼普尔,2009. 城市空间设计:社会—空间过程的调查研究[M].
　　欧阳文,等译. 北京:中国建筑工业出版社.

敖云碧,费生伦,李飞,2011. 沙坪坝车站城市综合体改造的探讨[J]. 高速铁
　　路技术(S2):14-22.

贝纳沃罗 L,2000. 世界城市史[M]. 薛钟灵,等译. 北京:科学出版社.

蔡兵备,2003. 城市地下空间产权问题研究[J]. 中国土地(5):14-16.

陈杜军,2012. 重庆主城区商圈空间结构研究[D]. 重庆:重庆大学.

陈宏刚,2005. 钱江新城核心区地下空间规划管理研究[D]. 杭州:浙江大学.

陈立道,朱雪岩,1997. 城市地下空间规划理论与实践[M]. 上海:同济大学出
　　版社.

陈利顶,傅伯杰,1996. 景观连接度的生态学意义及其应用[J]. 生态学杂志
　　(4):37-42.

陈伟,2005. 上海城市地下空间总体规划编制的前期研究与建议[J]. 现代城
　　市研究,20(6):26-28.

陈志龙,蔡夏妮,2006. 基于规划控制过程的城市地下空间开发控制与引导
　　[J]. 中国人民防空(6):36-38.

陈志龙,姜韡,2003. 运用博弈论分析城市地下空间规划中的若干问题[J]. 地
　　下空间(4):431-434.

陈志龙,柯佳,郭东军,2009. 城市道路地下空间竖向规划探析[J]. 地下空间
　　与工程学报(3):425-428.

陈志龙,王玉北,2005. 城市地下空间规划[M]. 南京:东南大学出版社.

戴志中,刘彦君,2008. 山地建筑设计理论的研究现状及展望[J]. 城市建筑
　　(6):17-19.

戴志中,2006. 国外步行商业街区[M]. 南京:东南大学出版社.

道格拉斯·凯尔博,2007. 共享空间:关于邻里与区域设计[M]. 吕斌,等译.
　　北京:中国建筑工业出版社.

董国良,张亦周,2006. 节地城市发展模式:JD 模式与可持续发展城市论

[M].北京:中国建筑工业出版社.

董贺轩,2010.城市立体化设计:基于多层次城市基面的空间结构[M].南京:
东南大学出版社.

杜宽亮,2010.基于土地集约利用的重庆市主城区"畅通城市"研究[D].
重庆:重庆大学.

范宏涛,2012.山地城市大型商业建筑空间可达性研究[D].重庆:重庆大学.

方勇,2004.城市中心区地下空间整合设计初探[D].重庆:重庆大学.

付玲玲,2005.城市中心区地下空间规划与设计研究[D].南京:东南大学.

盖尔,2002.交往与空间[M].何人可,译.4版.北京:中国建筑工业出版社.

高艳娜,2005.城市地下空间开发利用的产权制度分析[D].南京:南京理工
大学.

耿永常,李淑华,2005.城市地下空间结构[M].哈尔滨:哈尔滨工业大学出
版社.

巩明强,2007.城市地下空间开发影响因素研究[D].天津:天津大学.

顾新,2005.在"规划控制"与"市场运作"的博弈中走向成熟——深圳市地下
空间利用立法与管理实践探析[J].现代城市研究,20(6):17-22.

海道清信,2011.紧凑型城市的规划与设计[M].苏利英,译.北京:中国建筑
工业出版社.

韩冬青,冯金龙,1999.城市·建筑一体化设计[M].南京:东南大学出版社.

韩凝春,2007.国际城市地铁商业开发借鉴与研究[J].北京市财贸管理干部
学院学报(4):20-23.

何锦超,孙礼军,洪卫,2007.广州珠江新城核心区地下空间实施方案[J].建
筑学报(6):37-40.

洪亮平,2002.城市设计历程[M].北京:中国建筑工业出版社.

侯学渊,2005.现代城市地下空间规划理论与运用[J].地下空间(1):7-10.

胡志晖,2006.徐家汇地区轨道交通及地下空间综合规划[J].上海建设科技
(4):36-39.

黄光宇,2006.山地城市学原理[M].北京:中国建筑工业出版社.

吉迪恩·S.格兰尼,尾岛俊雄.2005.城市地下空间设计[M].许方,于海漪,
译.北京:中国建筑工业出版社.

简·雅各布斯,2006.美国大城市的死与生[M].金衡山,译.南京:译林出
版社.

姜峰,2009.当代城市商业综合体室内步行街设计研究[D].西安:西安建筑
科技大学.

蒋勇,扈万泰,2007.直辖十年:重庆城乡规划实践与理论探索[M].重庆:重庆大学出版社.

John Z,2007.地下系统推动蒙特利尔中心城区的经济发展[J].许玫,译.国际城市规划,22(6):28-34.

凯文·林奇,2011.城市形态[M].林庆怡,陈朝晖,邓华,译.北京:华夏出版社.

克劳斯·科施通,2008.地下空间商业设施规划设计[J].建筑学报(1):46-49.

孔键,2009.城市地下空间内部防灾问题的设计对策——介绍浙江杭州钱江世纪城核心区规划的地下防灾设计[J].上海城市规划(2):42-46.

孔令曦,2006.城市地下空间可持续发展评价模型及对策的研究[D].上海:同济大学.

拉斐尔·奎斯塔,克里斯蒂娜·萨里斯,保拉·西格诺莱塔,2006.城市设计方法与技术[M].北京:中国建筑工业出版社.

李传斌,2008.城市地下空间开发利用规划编制方法的探索——以青岛为例[J].现代城市研究(3):19-29.

李春,2007.城市地下空间分层开发模式研究[D].上海:同济大学.

李葱葱,2003.城市地下空间利用规划初探——以重庆城市为例[D].重庆:重庆大学.

李梁,2004.城市地下空间的"人性化"设计探索[D].天津:天津大学.

李鹏,2008.面向生态城市的地下空间规划与设计研究及实践[D].上海:同济大学.

李文翎,2002.基于轨道交通网的地下空间开发规划探析——以广州市为例[J].城市规划汇刊(5):61-64.

李雄飞,赵亚翘,孙悦,等,1990.国外城市中心商业区与步行街[M].天津:天津大学出版社.

刘春彦,2007.地下空间使用权性质及立法思考[J].同济大学学报(社会科学版)(3):111-119.

刘皆谊,2009.城市立体化视角:地下街设计及其理论[M].南京:东南大学出版社.

刘莎,2008.地铁地下空间功能与可开发商业空间研究[D].成都:西南交通大学.

刘先觉,2005.现代建筑设计理论[M].北京:中国建筑工业出版社.

刘学山,2003.广州市城市地下空间的规划设想[J].广州建筑(1):31-34.

刘易斯·芒福德,2005. 城市发展史:起源、演变和前景[M]. 宋俊岭,倪文彦,译. 北京:中国建筑工业出版社.

柳军剑,2009. 重庆主城区商圈交通问题与改善对策研究[D]. 重庆:重庆交通大学.

卢济威,2000. 山地建筑设计[M]. 北京:中国建筑工业出版社.

卢济威,王海松,2007. 山地建筑设计[M]. 北京:中国建筑工业出版社.

鲁春阳,杨庆媛,文枫,等,2008. 重庆都市区耕地面积变化与经济发展相关性的实证分析[J]. 西南大学学报(自然科学版),30(10):146-151.

陆姗姗,2007. 地铁站地下空间人性化设计探索[D]. 武汉:武汉理工大学.

陆元晶,张文珺,王正鹏,2006. 城市地下空间规划若干问题探讨——以常州市为例[J]. 地下空间与工程学报(S1):1105-1110.

罗杰·特兰西克,2008. 寻找失落的空间:城市设计的理论[M]. 朱子瑜,等译. 北京:中国建筑工业出版社.

迈克·詹克斯,伊丽莎白·伯顿,凯蒂·威廉姆斯,2004. 紧缩城市:一种可持续发展的城市形态[M]. 周玉鹏,等译. 北京:中国建筑工业出版社.

孟艳霞,伏海艳,陈志龙,等,2006. 详细规划阶段城市地下公共空间系统设计探讨[J]. 地下空间与工程学报,2(2):186-190.

缪宇宁,俞明健,2006. 生态世博地下城——中国 2010 年上海世博会园区地下空间规划研究[J]. 规划师,22(7):57-59.

牟娟,2006. 解析江湾五角场地区地下空间的规划要点[J]. 城市道桥与防洪(5):158-160.

潘丽珍,李传斌,祝文君,2006. 青岛市城市地下空间开发利用规划研究[J]. 地下空间与工程学报(S1):1093-1099.

彭建勋,2006. 发展居住区地下空间推进小区环境建设[D]. 太原:太原理工大学.

彭瑶玲,张强,于林金,2006. 地下空间开发利用规划控制的探索[J]. 地下空间与工程学报(S1):1121-1124.

齐晓斋,2007. 城市商圈发展概论[M]. 上海:上海科学技术文献出版社.

钱七虎,陈志龙,王玉北,等,2007. 地下空间科学开发与利用[M]. 南京:江苏科技出版社.

曲淑玲,2008. 日本地下空间的利用对我国地铁建设的启示[J]. 都市快轨交通(5):13-16.

日本建筑学会,2001. 建筑设计资料集成:地域·都市篇 I[M]. 张兴国,等译. 香港:雷尼国际出版有限公司.

商业中心区地下空间规划管理及业态开发

茹文,陈红,徐良英,2006.钱江新城核心区地下空间规划的编制与思考——浅谈我国城市地下空间开发利用[J].地下空间与工程学报,2(5):712-717.

深圳市规划与国土资源局,2002.深圳市中心区城市设计及地下空间综合规划国际咨询[M].北京:中国建筑工业出版社.

Ragmond L S,2007.城市地下空间利用规划:进退两难[J].孙志涛,译.国际城市规划,22(6):7-10.

沈德耀,顾长浩,刘平,等,2008.上海地下空间开发利用综合管理研究[J].政府法制研究(10):1-56.

沈颖,2010.城市地下空间的使用权权属界定与估价方法研究[D].杭州:浙江大学.

沈玉麟,2007.外国城市建设史[M].北京:中国建筑工业出版社.

束昱,赫磊,路姗,等,2009.城市轨道交通综合体地下空间规划理论研究[J].时代建筑(5):22-26.

束昱,路姗,朱黎明,等,2009.我国城市地下空间法制化建设的进程与展望[J].现代城市研究,24(8):6-18.

束昱,2002.地下空间资源的开发与利用[M].上海:同济大学出版社.

束昱,2006.中国城市地下空间规划的研究与实践[J].地下空间与工程学报(S1):1125-1129.

苏维词,2006.重庆都市圈可持续发展面临的生态系统健康问题及保障措施[J].水土保持研究,13(1):45-47.

宿晨鹏,2008.城市地下空间集约化设计策略研究[D].哈尔滨:哈尔滨工业大学.

孙启云,2008.城市商业密集区地下空间利用研究[D].西安:西安建筑科技大学.

孙施文,2007.现代城市规划理论[M].北京:中国建筑工业出版社.

谭永杰,2006.民用建筑地下空间平战结合设计研究[D].长沙:湖南大学.

汤宇卿,2006.我国大城市中心区地下空间规划控制——以青岛市黄岛中心商务区为例[J].城市规划学刊(5):89-94.

汤志平,2006.上海市地下空间规划管理的探索和实践[J].民防苑(S1):15-18.

童林旭,祝文君,2009.城市地下空间资源评估[M].北京:中国建筑工业出版社.

童林旭,1994.地下建筑学[M].北京:中国建筑工业出版社.

童林旭,2005.地下空间与城市现代化发展[M].北京:中国建筑工业出版社.

童林旭,2006.论城市地下空间规划指标体系[J].地下空间与工程学报(S1):1111-1115.

童林旭,2007.地下建筑图说100例[M].北京:中国建筑工业出版社.

王德起,于素涌,2012.城市轨道交通对沿线周边住宅价格的影响分析——以北京地铁四号线为例[J].城市发展研究,19(4):82-87.

王海阔,陈志龙,2005.地下空间开发利用与城市空间规划模式探讨[J].地下空间与工程学报(1):50-53.

王楷文,2004.城市商务中心区地下空间开发利用研究[D].北京:北京建筑工程学院.

王磊,2006.《成都市南部新区起步区核心区地下空间综合规划》实例研究——结合城市设计方案[J].规划师,22(11):39-42.

王敏,2006.城市发展对地下空间的需求研究[D].上海:同济大学.

王文卿,2000.城市地下空间规划与设计[M].南京:东南大学出版社.

王秀文,2007.为城市活力与未来而设计——城市地下公共空间规划与设计理论思考[J].地下空间与工程学报,3(4):597-599.

王中德,2011.西南山地城市公共空间规划设计适应性理论与方法研究[M].南京:东南大学出版社.

王祚清,1998.日本城市大规模、深层次、多功能的地下空间开发利用[J].地下空间(2):120-125.

隗瀛涛,1991.重庆近代城市史[M].成都:四川大学出版社.

翁里,王梦茹,2010.城市地下空间开发之立法初探[J].行政与法(4):66-69.

吴敦豪,2005.城市地下空间开发利用与规范化管理实用手册[M].长春:银声音像出版社.

吴良镛,1989.广义建筑学[M].北京:清华大学出版社.

吴良镛,2001.人居环境科学导论[M].北京:中国建筑工业出版社.

吴明伟,1999.城市中心区规划[M].南京:东南大学出版社.

肖迪佳,2011.重庆主城区建筑空间城市公共化设计研究[D].重庆:重庆大学.

肖军,2008.城市地下空间利用法律制度研究[M].北京:知识产权出版社.

星球地图出版社,2009.重庆市地图集[M].北京:星球地图出版社.

徐国强,郑盛,2006.控制性详细规划中有关地下空间部分的控制内容和表达方法[J].民防苑(S1):77-79.

徐思淑,1984.利用地下空间是重庆城市发展的必然趋势[J].地下空间与工程学报(3):3-9.

徐永健,阎小培,2000.城市地下空间利用的成功实例——加拿大蒙特利尔市地下城的规划与建设[J].城市问题(6):56-58.

薛刚,2007.地上与地下空间的整合[D].西安:西安建筑科技大学.

薛华培,2005.芬兰土地利用规划中的地下空间[J].国外城市规划(1):49-55.

薛华培,2006.向地下空间延伸的建筑学——对地下建筑学的理论体系和研究内容的探讨[J].建筑师(1):59-62.

亚伯拉罕·马斯洛,2007.动机与人格[M].许金声,等译.北京:中国人民大学出版社.

亚历山大 C,2004.建筑的永恒之道[M].赵冰,译.北京:知识产权出版社.

闫硕,2008.东京都地下城市空间规划[J].城乡建设(6):74-74.

杨佩英,段旺,2006.以商业为主导的地下空间综合规划设计探析[J].地下空间与工程学报(S1):1147-1153.

杨文武,吴浩然,刘正光,2008.论香港地下空间开发的规划、立法与发展经验[J].隧道建设,28(3):294-297.

杨熹微,2009.日本首屈一指的交通枢纽:涩谷站周边大规模再开发项目正式启动[J].时代建筑(5):76-79.

姚文琪,2010.城市中心区地下空间规划方法探讨——以深圳市宝安中心区为例[J].城市规划学刊(S1):36-43.

叶茜,王聪,张惟杰,2010."三环"策略下的杨公桥立交步行空间概念性改造——城市车行高速化背景中的人本思考与设计对策[J].中外建筑(10):109-112.

叶少帅,2004.地下空间的维护和运营管理——兼评南京市新街口地下商城运营规划[J].地下空间(4):526-529.

殷子渊,孙颐潞,2012."负空间"意象:香港的地下城市[J].世界建筑导报,27(3):24-27.

张弛,2007.成都市地下空间开发与规划研究[D].成都:西南交通大学.

张京祥,2005.西方城市规划思想史纲[M].南京:东南大学出版社.

张陆润,2012.重庆市日月光中心广场设计[J].重庆建筑(6):10-13.

张芝霞,2007.城市地下空间开发控制性详细规划研究[D].杭州:浙江大学.

赵俊玉,陈志龙,姜韦华,2000.城市地下空间开发利用的立法和管理体制探讨[J].地下空间(2):141-145.

赵鹏林,顾新,2002.城市地下空间利用立法初探——以深圳市为例[J].城市规划(9):21-24.

赵英骏,2007.城市的立体化开发——城市地下空间设计形态的研究[D].合肥:合肥工业大学.

郑怀德,2012.基于城市视角的地下城市综合体设计研究[D].广州:华南理工大学.

郑苦苦,毛建华,伏海艳,等,2006.莲花路商业旅游步行街区地下空间规划探讨[J].地下空间与工程学报(2):203-207.

郑联盟,2006.试论加强城市地下空间的规划管理[J].民防苑(S1):125-126.

郑贤,庄焰,2007.轨道交通对沿线地价影响半径研究[J].铁道运输与经济(6):45-47.

周伟,2005.城市地下综合体设计研究[D].武汉:武汉大学.

朱建明,王树理,张忠苗,2007.地下空间设计与实践[M].北京:中国建材工业出版社.

朱健,2007.珠江新城地下空间交通规划研究[J].国外建材科技(3):155-156.

朱立峰,2002.城市地下空间利用规划管理研究[D].武汉:华中农业大学.

朱颖,金旭炜,王彦宇,等,2011.铁路交通枢纽与城市综合体设计初探[J].铁道经济研究(6):15-22.

网站资源

奥村组官网(注:日本大型建筑设计建造公司)http://www.okumuragumi.co.jp/index.html.

地下空间研究 Center 官网 http://www.enaa.or.jp/GEC/intro/index1.htm.

钱七虎对重庆地下空间建议 http://www.cq.xinhuanet.com/2005-09/19/content_5156519.htm.

搜房网 http://cq.soufun.com/.

先锋潮网站 http://www.xfc.gov.cn.

中国地下空间学会官方网站 http://www.csueus.com/shownews.asp?id=671.

重庆市国土资源和房屋管理局公众信息网 http://www.cqgtfw.gov.cn.

重庆市民防办公室 http://bmf.cq.gov.cn.

重庆市市政设施管理局 http://www.cqssj.com.

重庆统计信息网 http://www.cqtj.gov.cn.

东京 metro 官网 http://www.tokyometro.jp/index.html.

香港地铁官网 http://www.mtr.com.hk/chi/homepage/cust_index.html.

日文文献

奥山信一,東伸明,山田秀徳,谷川大輔,2000.街路型建築の提訴部の形成
　　する都市空間ファサードの連続性により形成された都市空間に関す
　　る研究[C].その3,日本建築学会大会学術講演梗概集(東北):
　　871-872.

北原啓司,2007.コンパクトシティにおける住み替えの可能性に関する研
　　究[C].日本建築学会大会学術講演概要:259-262.

長聡子,出口敦,2003.都心地区の回遊性と休憩空間の配置構成に関する
　　研究[J].福岡市天神地区の立体的歩行者空間の分析,日本建築学会九
　　州支部研究報告(42):377-380.

地下都市計画研究会,1994.地下空間の計画と整備　地下都市計画の実現
　　をめざして一[M].東京:大成出版社.

福岡都市科学研究所,2007.福岡の地下空間の利用する研究[M].東京:学
　　陽書房.

福岡市,2009.福岡市都心部機能更新誘導方策[S].

海道清信,2001.コンパクトシティー持続可能な社会の都市像を求めて
　　[M].東京:学芸出版社.

荒川武史,濱田学昭,2000.回遊性による都市空間の解析・まちの発展性
　　に関する考察—和歌山市ぶらくり丁における商業核を中心とする回
　　遊性に関する研究[J].学術講演梗概集(F-1):41-42.

建設省住宅局内建築基準法研究會,昭和四十八年.建築基準法質疑應答集
　　[M].東京:第一法規従出版株式會社.

今西一男,2004.自治体の都市計画におけるコンパクトシティ政策の位置
　　に関する研究[C].日本建築学会大会学術講演概要:657-658.

酒井隆宏,黒瀬重幸,2003.福岡市におけるコンパクトシティモデルの適用
　　可能性に関する研究[C].日本建築学会大会学術講演概要:1007-1008.

鈴木浩,2007.日本版コンパクシテー地域循環型都市の構築一[M].東京:
　　学陽書房.

美藤竜一,宮岸幸正,1999.都市の回遊性に関する研究[J].福井市中心商店
　　街を対象として一,日本建築学会北陸支部研究報告集(42):325-328.

松尾舷,林良嗣,1998. 都市の地下空間[M]. 東京:鹿島出版会.

桶野俊介,大貝彰,五十嵐誠,菊池晃生,2006. 中心市街地における歩行者
　　回遊行動シュミレー究[C]. その研究対象地域と歩行者の属性,日本
　　建築学会大会学術講演梗概集(関東):363-366.

文泰憲,萩島哲,大貝彰,1991. 土地利用混合度指標に関する研究[J]. 日本
　　都市計画学術大会学術研究論文集(26):505-510.

西川秀樹,2006. 都市環境と交通特性の関連性について[C]. 日本建築学会
　　大会学術講演梗概集(北海道):1134-1140.

向野崇,伊藤和陽,黒瀬重幸,2006. 福岡市天神の都心商業地における歩行
　　者行動に関する研究[C]. その2 地上と地下の街路における歩行者行
　　動経路の比較,日本建築学会大会学術講演梗概集(関東):365-366.

小川博和,花岡謙司,出口敦,2001. 公共空間の重層的利用による都心の賑
　　わい創出に関する研究[J]. 福岡市都心部におけるケーススタディー,
　　日本建築学会九州支部研究報告(40):337-340.

伊藤和陽,黒瀬重幸,2007. 福岡市天神の都心商業地における歩行者行動
　　に関する研究[J]. その3 歩行者行動経路と歩行者行動モデルー,日本
　　建築学会九州支部研究報告(46):317-320.

伊藤和陽,向野崇,黒瀬重幸,2006. 福岡市天神の都心商業地における歩行
　　者行動に関する研究[C]. その1 研究対象地域と歩行者の属性,日本建
　　築学会大会学術講演梗概集(関東):363-366.

伊藤夏希,出口敦,2005. 地下ネットワークと都心の歩行空間に関する研究
　　[J]. 福岡市天神地区を事例としてー,日本建築学会九州支部研究報告
　　(44):449-452.

有馬隆文,池辺絢子,岩谷誠,2008. 中心市街地における回遊性能の可視
　　化・定量化に関する研究[J]. 大分市、長崎市を事例としてー,日本建
　　築学会九州支部研究報告(47):561-566.

有馬隆文,大木健人,出口敦,等,2008. 商業地街路における行動誘発要素
　　と歩行者のアク.ティビティに関する基礎的研究[J]. 日本建築学会計
　　画系論文集(623):177-182.

原田大輔,須田沙菜美,山下洋史,等,2007. 公共空間の構成要素の記録と
　　その分布に関する考察～熊本市下通地区における「通りの公共空間」
　　に関する研究[J]. その1～,日本建築学会九州支部研究報告(46):
　　441-444.

原田芳博,有馬他隆文,2003. 都市における多様性に着目した生活環境の

評価に関する研究―CISを用いた都市の定量分析―[J]. 九州大学大学院人間環境学研究院紀要(3):79-86.

中島伸,2004 商業地区内路地の空間特性と動向に関する研究～東京都銀座を事例として～[C]. 日本建築学会大会学術講演梗概集(北海道):1169-1170.

宗像哲平,益田康司,出口敦,2000. 都心部のコンパク性から見た地下空間の役割と課題―福岡天神地区の地下街と大規模商業施設の立地状況の関係分析[J]. 日本建築学会九州支部研究報告(39):269-272.

英文文献

Truman A, 1998. Interpreting the city: an urban geogrephy[M]. 2th ed. Hoboken, New Jersey: John Wiley & Sons.

Endo M, 1993. Design of Tokyo's underground expressway [J]. Tunnelling and Underground Space Technology, 8(1):7-12.

Goel R K, Dube A K, 1999. Status of underground space utilisation and its potential in Delhi [J]. Tunnelling and Underground Space Technology, 14(3):349-354.

Hanamura T, 1990. Japan's new frontier strategy: underground space development[J]. Tunnelling and Underground Space Technology, 5(1/2):13-21.

Howells D J, Chan T C F, 1993. Development of a regulatory framework for the use of underground space in Hong Kong[J]. Tunnelling and Underground Space Technology, 8(1): 37-40.

Kaliampakos D, Benardos A, 2008. Underground space development: setting modern strategies [J]. WIT Transactions on the Built Environment(102): 1-10.

Lu X,Ji J H, 2012. Discussion of urban underground space planning and design[J]. Applied Mechanics and Materials, 174-177: 2307-2309.

Monnikhof R A H, Edelenbos J,Hoeven F V D, et al. , 1999. The new underground planning map of the Netherlands: a feasibility study of the possibilities of the use of underground space[J]. Tunnelling and Underground Space Technology, 14(3): 341-347.

Nishi J, Seiki T, 1997. Planning and design of underground space use[J]. Memoirs of the School of Engineering, Nagoya University, 49(3): 48-

93.

Pells P J N, Best R J, Poulos H G, 1994. Design of roof support of the Sydney Opera House underground parking station[J]. Tunnelling and Underground Space Technology, 9(2): 201-207.

Working Group NO. 4, International Tunneling Association, 2000. Planning and mapping of underground space: an overview [J]. Tunnelling and Underground Space Technology, 15(3): 271-286.

Rönkä K, Ritola J, Rauhala K, 1998. Underground space in land-use planning[J]. Tunnelling and Underground Space Technology, 13(1): 39-49.

Rogers C D F, Parker H, Sterling R, et al. , 2012. Sustainability issues for underground space in urban areas[J]. Urban Design and Planning, 165(4): 241-254.

Bao X F, Yuan Y, Zhao H L, 2008. Design for a large underground space [J]. Municipal Engineer, 161(1): 35-41.

Zhang C, Wang S W, 2011. A study on the planning method of underground space in urban core district: taking Hangzhou eastern new city zone as an example[J]. Applied Mechanics and Materials, 71-78(2): 1411-1420.

附　录

A. 作者研究地下空间所发表的学术论文
（♯共同第一作者，＊通讯作者）

一、期刊论文

1. 第一作者论文

袁红[♯]，沈中伟，2016.地下空间功能演变及设计理论发展过程研究[J].建筑学报(12):77-82.

袁红[♯]，赵世晨，戴志中，2013.论地下空间的城市空间属性及本质意义[J].城市规划学刊，206(1):85-90.

袁红[♯]，陈思婷，潘坤，2018.基于系统论的高密度城市消极空间模块化改造设计——霍普杯铜奖《城市之链》设计解析[J].新建筑(3):102-106.

袁红[♯][＊]，赵万民，赵世晨，2014.日本地下空间利用规划体系解析[J].城市发展研究(2):112-118.

袁红[♯]，左辅强，张丽平，2017.重庆五大商圈地下空间业态开发现状及整治对策[J].地下空间与工程学报(5):1157-1164,1.

袁红[♯]，2016.城市中心区地下空间城市设计研究——构建地面上下"双层"城市[J].西部人居环境(1):18-22.

袁红[♯]，李鹏，2016.山地城市地下空间低碳开发策略研究[J].四川建筑科学研究(3):120-123.

袁红，2016.重庆商业中心区地下空间紧凑立体化形态设计研究[J].工业建筑，48(6):24-30.

袁红[♯]，2016.城市地下空间可持续开发策略探究——以重庆为例[J].工业建筑，46(4):56-60.

YUAN H[♯]，CUI X[＊]，2016. Transport Integrated Development (TID) and practices in Chongqing municipality[J]. Journal of Landscape Research(1):49-52.

YUAN H[♯]，DAI Z Z，LIU X R，2013. Research for development and utilization of underground space in world[J]. Journal of Applied Sciences，106(7):95-101.

袁红[#]，陈思婷，余亿，2017. 抚顺西露天矿的保护及利用研究[J]. 工业建筑(11):52-55,88.

袁红[#]，崔叙，唐由海，2017. 地下空间功能演变及历史研究脉络对当代城市发展的启示[J]. 西部人居环境学刊(1):69-74.

YUAN H[#]，LIU X R，2011. Low-carbon city and underground space development in the mountain city[J]. Advanced Materials Research，208(3):78-95.

YUAN H[#][*]，DAI Z Z，LIU X R，2011. Function evolution of urban underground space before 20th[J]. Advanced Materials Research，255(5):1468-1472.

袁红[#]，邓宇，2016. 凉山彝族自治区雷波县棚户区改造规划[J].《规划师》论丛(00):199-204.

袁红[#][*]，戴志中，刘新荣，2014. 重庆主城区地下空间利用发展阶段研究[J]. 地下空间与工程学报(1):1-5,13.

2. 通讯作者论文

唐祖君[#]，袁红[*]，2015. 轨道站点区域综合规划设计(TID)及重庆实践研究[J]. 城市建筑(23):7-9.

3. 既非第一作者又非通讯作者论文

陈思婷[#]，郭佩宇，唐祖君，袁红，2014. 城市之链[J]. 城市环境设计(12):62-63.

MO ZASHIMU[#]，DAI Z Z，YUAN H，2010. The characteristics of architecture style of the traditional-final at journal[J]. American Journal of Engineering and Applied Sciences,3(2):380-389.

戴志忠[#]，袁红，2011. 现代殡葬建筑设计初探[J]. 青岛理工大学学报(2):65-72.

二、会议论文

YUAN H[#][*]，LIU X R，2009. Research of the underground space planning and underground building design in mountain city[R]. Associated Research Centers for the Urban Underground Space（ACUUS 2009）:112-118.

三、会议特邀学术报告

袁红[#][*],邓宇,2015.传承彝族文化的凉山雷波县棚户区改造规划[R].棚改十年——中国棚户区改造规划及实践.

YUAN H[#][*],2014. Space resources planning and design of rail transit station in Chongqing[R]. International Alliance for Sustainable Urbanization and Regeneration(IASUR).

B. 国内主要大城市地下空间规划管理事项对照表

附表 1　国内主要大城市地下空间规划管理事项对照表

城　市	上　海
现行地方法规、规章、规范名称	《上海市地下空间规划编制暂行规定》《上海市城市地下空间建设用地审批和房地产登记试行规定》
规划控制指标	控制范围与深度、建设规模、空间位置和连通要求（控规）。 地下空间各层的功能、平面布局、竖向标高、连通位置和标高控制、出入口交通组织（城市设计）
土地供应方式	地下空间开发建设的用地可以采用出让等有偿使用方式，也可以采用划拨方式。单建地下工程项目属于经营性用途的，出让土地使用权时可以采用协议方式；有条件的，也可以采用项目招标、拍卖、挂牌的方式。 地下空间使用权出让时，已取得相同地表土地使用权的受让人有优先受让权
规划管理程序	结建地下工程随地面建筑一并办理用地审批手续。 单建地下工程的建设单位按照基本建设程序取得项目批准文件和建设用地规划许可证后，应向土地管理部门申请建设用地批准文件。建设单位取得建设工程规划许可证后，应当到土地管理部门办理划拨土地决定书，或者签订土地使用权出让合同
选址意见书	暂无详细资料
建设用地规划许可证	暂无详细资料
建设工程规划许可证	规划管理部门在核发建设工程规划许可证时，应当明确地下建（构）筑物水平投影最大占地范围、起止深度和建筑面积
其他技术规定	
城　市	天　津
现行地方法规、规章、规范名称	《天津市地下空间规划管理条例》
规划控制指标	暂无详细资料
土地供应方式	暂无详细资料

城　　市	天　　津
规划管理程序	结建项目应当与地表建设项目一并向城乡规划主管部门申请核发选址意见书和建设用地规划许可证。 建设项目与地下通道、地铁出入口等市政设施结合建设的,由建设项目的建设单位与市政设施建设单位分别申请核发选址意见书和建设用地规划许可证
选址意见书	城乡规划主管部门应当依据地下空间规划和建设项目的性质、规模,提出地下空间使用性质、水平投影范围、垂直空间范围、建筑规模、出入口位置等规划设计条件,核发选址意见书
建设用地规划许可证	城乡规划主管部门应当依据城市规划核定地下空间用地位置、体积、允许建设的范围,核发建设用地规划许可证
建设工程规划许可证	新建、扩建、改建各类地下建设项目的,应当向城乡规划主管部门申请办理建设工程规划许可证。结建项目应当与地表建设项目一并申请办理建设工程规划许可证。 单建项目,地表规划为绿地、公园、广场的,建设单位应当一并实施建设。 地下建设项目涉及连通工程的,建设单位应当履行地下连通义务
其他技术规定	地下空间不得建设住宅、敬老院、托幼园所、学校等项目;医院病房不得设置在地下

城　　市	广　　州
现行地方法规、规章、规范名称	《广州市地下空间开发利用管理办法》
规划控制指标	地下空间开发利用范围、使用性质、总体布局、开发强度、出入口位置和连通方式
土地供应方式	地下建设用地使用权除符合划拨条件外,均应实行有偿、有期限使用。 独立开发的经营性地下空间建设项目,对平战结合的人防工程以及市政道路、公共绿地、公共广场等已建成的公共用地的地下空间进行经营性开发的,应通过招标、拍卖、挂牌方式取得。 新供地的用于社会公共服务的单建式地下停车场,可以协议方式取得。 地下交通建设项目及附属开发的单建经营性地下空间,地下建设用地使用权可以协议方式一并出让给建设主体。 由政府投资建设,与公共设施配套同步开发且难以分离的经营性地下空间,可以协议方式取得

城　　市	广　　州
规划管理程序	结建地下空间项目应随地面建设工程一并向城乡规划主管部门申请,并与地面建设工程合并办理规划审批和许可手续。 单建地下空间项目应单独向城乡规划主管部门申请办理规划审批和许可手续。其中,建设用地使用权人申请对其用地范围内的地下空间进行开发利用的,按照自有用地再利用的程序办理
选址意见书	暂无详细资料
建设用地规划许可证	地下空间建设用地规划许可应当明确地下空间使用性质、水平投影范围、垂直空间范围、建设规模、出入口和通风口的设置要求、公建配套要求等内容
建设工程规划许可证	地下空间建设工程规划许可应当明确地下建(构)筑物水平投影坐标、竖向高程、水平投影最大面积、建筑面积、使用功能、公共通道和出入口的位置、地下空间之间的连通要求等内容。 建设单位在申领地下空间建设工程规划许可证前,应取得出入口、通风口所需利用的地表建设用地使用权,或者取得地表建设用地使用权人的书面同意意见
其他技术规定	结建地下空间项目的垂直用地范围最深处一般不得超出 0～−20 m 的范围
城　　市	深　　圳
现行地方法规、规章、规范名称	《深圳市地下空间开发利用暂行办法》
规划控制指标	地下空间的开发范围、使用性质、平面及竖向布局、出入口位置和连通方式
土地供应方式	本市实行地下空间有偿、有期限使用制度。 用于国防、人民防空专用设施、防灾、城市基础和公共服务设施的地下空间,其地下建设用地使用权取得可以依法采用划拨的方式。 独立开发的经营性地下空间建设项目,应当采用招标、拍卖或者挂牌的方式出让地下建设用地使用权。 地下交通建设项目及附着地下交通建设项目开发的经营性地下空间,其地下建设用地使用权可以协议方式一并出让给已经取得地下交通建设项目的使用权人

　商业中心区地下空间规划管理及业态开发

城　市	深　圳
规划管理程序	以划拨或者协议出让方式取得地下建设用地使用权的,建设单位应当持选址意见书、建设用地预审意见、项目环境影响评价、计划立项批准文件及相关批准文件向规划主管部门提出地下建设用地使用权申请,报市政府审批。 以招标、拍卖、挂牌方式出让地下建设用地使用权的,由规划主管部门制定每宗招标、拍卖、挂牌地下空间的出让方案报市政府审批后,由土地主管部门组织实施
选址意见书	应当包括拟出让地下空间的详细位置、水平投影坐标和竖向高程、水平投影最大面积、用途、地下空间的建筑面积、功能组合、公共通道及出入口位置、人民防空要求及建设单位之间的连通义务等
建设用地规划许可证	以划拨或者协议出让方式取得地下建设用地使用权的,建设单位持建设用地批准书及建设用地方案图向规划主管部门申请核发建设用地规划许可证。 以招标、拍卖、挂牌方式取得地下建设用地使用权的,应当签订地下建设用地使用权出让合同。建设单位应当持地下建设用地使用权出让合同到规划主管部门申请办理建设用地规划许可证
建设工程规划许可证	建设单位应当依据相关的规定、标准和技术规范以及建设用地规划许可证进行地下工程方案设计、初步设计和施工图设计,向规划主管部门申请办理建设工程规划许可证;并依法向民防、消防等主管部门申请办理人民防空、消防报建审核。 规划主管部门在核发建设工程规划许可证时,应当明确地下建(构)筑物水平投影坐标和竖向高程、水平投影最大面积、建筑面积、功能组合、公共通道及出入口位置和建设单位之间的连通义务等
其他技术规定	建设单位应当履行连通义务并确保连通工程符合人民防空等相关设计规范的要求。先建单位应当按照相关规范预留地下连通工程的接口,后建单位应当负责履行后续地下工程连通义务

城　市	杭　州
现行地方法规、规章、规范名称	《杭州市区地下空间建设用地管理和土地登记暂行规定》《浙江省城市地下空间开发利用规划编制导则》(试行)
规划控制指标	地下空间建设界线、出入口位置、地下公共通道位置与宽度、地下空间标高、地下空间连通要求、兼顾人防和防灾的其他要求

城　市	杭　州
土地供应方式	地下空间建设用地可以采用出让等有偿使用方式或划拨方式取得。 单建地下工程属于经营性用途的,须以招标、拍卖或挂牌方式出让国有建设用地使用权。 面向社会提供公共服务的地下停车库和用地单位利用自有土地开发建设的地下停车库,可以划拨方式供地,但不得进行分割转让、销售或长期租赁。 地下空间建设用地使用权实行分层登记,即将地下每一层作为一个独立宗地进行登记。 社会公共停车场(库)、物资仓储等地下空间建设用地使用权不得分割转让
规划管理程序	结建地下工程随地表建筑一并办理用地审批手续。 单建地下工程的建设单位按照基本建设程序取得项目批准文件和建设用地规划许可证。通过招标、拍卖或挂牌出让方式取得地下空间建设用地使用权的,凭地下空间建设用地使用权出让合同到发改、规划、建设等部门办理项目备案(核准、审批)、规划许可、施工许可等手续
选址意见书	暂无详细资料
建设用地规划许可证	暂无详细资料
建设工程规划许可证	地下空间规划参数以规划行政主管部门提供的规划指标或核发的建设工程规划许可证为准(若规划调整的,以调整后的规划批准文件为准),规划行政主管部门应明确地下建(构)筑物在水平面上垂直投影占地范围、起止深度、规划用途、建筑面积等规划条件

资料来源:笔者与"城市地下空间开发利用规划编制与管理"课题组共同完成

C. 重庆商业中心区地下空间调查问卷

观音桥商业中心区地下空间调查结果统计

您现在所在地下空间场所或较常去的地下空间场所

所在商圈:沙坪坝三峡广场商圈（3）　杨家坪商圈（　）　解放碑商圈（2）

　　　　南坪商圈（　）　观音桥商圈（12）

A（6）　地下街:店铺部分（6）、地下公共部分(休闲座椅等设施)（　）

B（　）　地下交通站点:店铺部分（　）、地下公共部分(休闲座椅等设施)（　）

C（　）　地下商场:店铺部分（　）、地下公共部分(休闲座椅等设施)（　）

D（　）　地下超市:店铺部分（　）、地下公共部分(休闲座椅等设施)（　）

关于回答者自身情况

1. 性别:男性（4）　女性（14）

　年龄:19岁以下（　）　20～29岁（5）　　30～39岁（13）

　　　　40～49岁（　）　50～59岁（　）　　60～69岁（　）

2. 住所:市内住在　渝中区（　）　沙坪坝区（5）　　南岸区（　）　九龙坡区（　）

　　　　渝北区（2）　江北区（9）　　北碚区（　）　巴南区（　）

　　　　大渡口区（　）　市外住在（　）

3. 职业:公司职员（　）　事业单位及公务员（　）　自营业主（　）

　　　　家庭主妇（　）　学生（　）　　　　　　其他（　）

关于地面购物环境与地下购物环境的区别

4. 一般到商圈去的目的

　购物（12）　　休闲（5）　　　餐饮（7）　　　读书（　）

　聊天（5）　　　打发时间（7）　其他（　）

5. 到商业中心购物的频率

　每周3回以上（　）　　　　每周1～2回（5）

　每月1～2回（6）　　　　每年几次（　）　　　　其他（　）

6. 到地下街、地下商场、地下超市的频率(总和)

　每周3回以上（1）　　　每周1～2回（4）

　每月1～2回（4）　　　每年几次（2）　　　　其他（　）

7. 对地下商场(街)的选择度

　优先逛地面商场（7）　　　　只要逛街就会到地下商场(街)（3）

　优先逛地下商场(街)（　）

8. 对地下超市的选择度

　需要买东西就去（7）　　　习惯性地去逛逛（3）

　没感觉（　）　　　　　　　不喜欢去地下超市（2）

9. 您觉得地下商场有什么地方吸引您?(多选)

价格(4)　　　　　　　环境(　)　　　　　　物品的种类(4)

售货员的态度(　)　　　其他(4)

10. 您觉得地下商场与地面商场的主要区别在于(多选)

室内装饰环境(4)　　　商品的档次(6)　　　商品的种类(5)

通风环境(4)　　　　　采光环境(4)　　　　冷热环境(5)

湿度环境(　)　　　　　气味环境(4)　　　　景观环境(　)

服务员态度(3)

个人的直觉与喜好(2)　　其他(　)

11. 如将地下商场同样引进地面商场的环境和商品,您觉得是否可以将地下和地面同等选择?

是(6)　　　　　　　　　否(5)

12. 如果上一题您选择"否"请选择原因

认识观的原因(2)　　　　个人感觉的原因(4)　　　其他原因(2)

关于您经常去的地下空间的业态构成

13. 您觉得地下商场(街)的商品种类如何?

种类齐全(3)　　　　　　种类比较齐全(7)

种类单一(　)　　　　　　种类较为合理(2)

14. 您觉得地下商场(街)的商品品质如何?

品质较高(　)　　品质差(4)　　品质适宜(4)　　物有所值(3)

15. 您常去的地下商场(街)的商品属于哪一类?(多选)

高档品牌(　)　　中档品牌(2)　　低档品牌(5)　　无品牌(9)

16. 您觉得地下商场(街)商品的价格是否适宜?

很便宜(1)　　比较便宜(7)　　价格适度(3)

比较昂贵(　)　　很昂贵(　)

17. 您经常去地下商场(街)购买(做)什么?(多选)

衣服(7)　　　餐饮(1)　　　日用品(　)　　化妆品(　)

游戏(　)　　　音像制品(　)　　书籍(　)　　路过(3)

其他(　)

18. 您觉得地下商场(街)商品的种类需要改进的地方(多选)

引进高档品牌商品(2)　　　　引进更低档商品(　)

引进各种生活用品(4)　　　　引进化妆品(2)

引进创意产业(8)　　　　　　引进机械设备(　)

引进电器设备(　)　　　　　　引进装饰材料(　)

希望商品种类齐全(5)　　　　其他(　)

关于目前地下空间入口的设置

19. 目前地下空间商场(街)的入口设置是否方便?

很方便（　）　　　　　　　　一般方便（ 5 ）　　　　　　　没感觉（ 4 ）

不太方便（　）　　　　　　　很不方便（　）

20. 关于目前地下空间商场(街)的入口,您感觉(多选)

位置太不明显（ 2 ）　　　　位置比较明显（ 3 ）　　　　能看到就行了（ 3 ）

应该放在更加隐蔽的地方（　）　　　　　　　　　　　　应该更加突出（ 4 ）

21. 关于目前地下空间商场(街)的入口造型

造型富有美感（　）　　　　　有一些美感（　）

造型普通（ 10 ）　　　　　　没有美感（　）

22. 您觉得是否应该尽量将地下商场(街)入口设置在地面建筑(商场)的内部?

应该（　）　　　　　　　　　好像应该（　）　　　　　　不知道（ 4 ）

不太应该（ 6 ）　　　　　　　不应该（ 1 ）

23. 如果您选择应该,您觉得将地下商场(街)入口设置在地面建筑(商场)的内部有什么
好处?

下雨天可以直接到达（ 1 ）

夏天很热的时候可以直接到达（　）

可以将地下、地面商业联系起来以方便购物（　）

可以形成全封闭的地下通道（ 2 ）

其他（ 2 ）

24. 如果您选择不应该,地下商场(街)入口设置在外(如广场等)有何好处?

比较显眼易找（ 5 ）

入口造型能够丰富商业区的空间形态（ 3 ）

25. 关于地下空间商场(街)入口的设置,您觉得

应该全部放在地面建筑(商场)内部（ 2 ）　　　应该全部放在步行广场上（ 4 ）

在地面建筑内部更多（　）　　　　　　　　　　在步行广场上更多（ 1 ）

应该在地面建筑与广场上平均分配（ 4 ）

关于您经常去的地下空间内部环境

26. 您对该地下空间整体的印象如何?

满意（　）　　　　　　　　　基本上满意（ 7 ）　　　　没有感觉（ 2 ）

不是很满意（ 1 ）　　　　　　不满意（　）

27. 您对该地下空间作为休闲(餐饮、咖啡等)场所满意吗?

满意（　）　　　　　　　　　基本上满意（ 2 ）　　　　没有感觉（ 5 ）

不是很满意（ 4 ）　　　　　　不满意（　）

28. 您对该地下空间作为娱乐(旱冰场、电玩、音像等)场所满意吗?

满意（ 1 ）　　　　　　　　　基本上满意（ 1 ）　　　　没有感觉（ 6 ）

不是很满意（ 2 ）　　　　　　不满意（　）

29. 您对该地下空间作为购物场所满意吗?

满意（ 1 ）　　　　　　　　　基本上满意（ 3 ）　　　　没有感觉（ 3 ）

不是很满意（ 3 ）　　　　　　不满意（ 　 ）

30. 该地下空间的混杂程度如何？

不混杂（ 　 ）　　　　　　不是很混杂（ 2 ）　　　　　不确定（ 2 ）

有些混杂（ 8 ）　　　　　　混杂（ 　 ）

31. 该地下空间的声音嘈杂吗？

不嘈杂（ 　 ）　　　　　　不是很嘈杂（ 4 ）　　　　　不确定（ 2 ）

相对嘈杂（ 5 ）　　　　　　嘈杂（ 　 ）

32. 您觉得该地下商场的物质环境需要改进的地方（多选）

室内景观系统（ 4 ）　　　　内部识别系统（ 2 ）　　　　室内装饰（ 2 ）

通风（ 7 ）　　　　　　　　室温（ 8 ）　　　　　　　　室内公共活动空间（ 1 ）

改变通道和商业的面积比例（ 3 ）

在地下商场增加休闲公共场所（ 7 ）

增加休闲设施（ 3 ）　　　　　　　　　　　　　　　　　其他（ 　 ）

33. 该地下商场的通道和商业的面积比例是否适宜？

目前通道面积过小（ 6 ）

目前通道面积过宽（ 3 ）

通道和商业面积比例较合适（ 　 ）

34. 关于地下空间设置的公共休闲场所（多选）

数量严重不足（ 1 ）　　　　数量不足（ 4 ）　　　　　　配置合理（ 1 ）

休闲设施档次低下（ 1 ）　　没有感觉（ 3 ）

35. 目前地下街的室内装饰

装饰简陋（ 6 ）　　　　　　装饰合理（ 3 ）　　　　　　装饰奢华（ 　 ）

36. 地下空间的灯光效果

昏暗（ 4 ）　　　　　　　　一般昏暗（ 1 ）　　　　　　没感觉（ 2 ）

不太明亮（ 3 ）　　　　　　明亮（ 　 ）

37. 地下空间的通风效果

通风良好（ 　 ）　　　　　　通风（ 　 ）　　　　　　　没感觉（ 1 ）

有点闷（ 7 ）　　　　　　　很闷（ 1 ）

38. 地下空间是否有压抑感？

强烈的压抑感（ 　 ）　　　　有一些压抑感（ 8 ）　　　　无压抑感（ 2 ）

比较舒适（ 　 ）　　　　　　很舒适（ 　 ）

关于地下空间经营管理

39. 您觉得现在地下空间的营业时间合理吗？

不合理（ 1 ）　　　　　　　勉强合理（ 7 ）　　　　　　合理（ 2 ）

不知道（ 　 ）

40. 若不合理，您觉得什么时间段开放比较合理？

早 8 点～晚 8 点（ 　 ）　　早 9 点～晚 9 点（ 2 ）　　早 9 点～晚 10 点（ 6 ）

41. 您对地下空间的室内卫生管理满意吗?

　　不满意（ 2 ）　　　　　　　还行（ 5 ）　　　　　　　　满意（ 2 ）

42. 您知道地下空间的物业管理属于哪个部门?

　　人防部门（ 1 ）　　　　　　某个开发商（ 　 ）　　　　　某个承包业主（ 4 ）

　　不知道（ 4 ）

地下空间开发的群众认可度调研

43. 您认为地下空间的利用是否改善了您的生活环境?

　　是（ 6 ）　　　　　　　　　不是（ 3 ）　　　　　　　　　没感觉（ 1 ）

44. 您愿意支持开发地下空间吗?

　　不愿意（ 　 ）　　　　　　　无所谓（ 5 ）　　　　　　　可以考虑（ 4 ）

　　愿意（ 1 ）

45. 您觉得地下空间以何种形式出现比较好?（多选）

　　人防平战结合利用（ 4 ）　　　　　　结合地铁或轻轨站点开发（ 6 ）

　　通过增加高层地下层（ 2 ）　　　　　在广场下面设置地下商场（ 5 ）

　　专门单独开发地下空间（ 　 ）　　　　其他（ 2 ）

46. 您觉得您所在商圈的地下空间

　　需要增加（ 　 ）　　　　　　需要适量增加（ 4 ）

　　不知道（ 5 ）　　　　　　　应保持现状（ 2 ）

　　应该适当减少（ 　 ）　　　　太多了（ 　 ）

47. 您觉得地下空间会给您的生活带来负面影响吗?

　　不会（ 3 ）　　可能不会（ 6 ）　　可能会（ 　 ）　　会（ 　 ）　　不知道（ 　 ）

非常感谢您的参与

解放碑商业中心区地下空间调查结果统计

您现在所在地下空间场所或较常去的地下空间场所

所在商圈:沙坪坝三峡广场商圈（ ） 杨家坪商圈（ 3 ）

　　　　　解放碑商圈（ 8 ） 南坪商圈（ ） 观音桥商圈（ 4 ）

A（ ） 地下街:店铺部分（ 2 ）、地下公共部分(休闲座椅等设施)（ ）

B（ ） 地下交通站点:店铺部分（ 1 ）、地下公共部分(休闲座椅等设施)（ 1 ）

C（ ） 地下商场:店铺部分（ 3 ）、地下公共部分(休闲座椅等设施)（ ）

D（ ） 地下超市:店铺部分（ 3 ）、地下公共部分(休闲座椅等设施)（ ）

关于回答者自身情况

1. 性别:男性（ 1 ） 女性（ 5 ）

　年龄:19 岁以下（ ）　　20～29 岁（ 7 ）　　30～39 岁（ ）

　　　　40～49 岁（ ）　　50～59 岁（ ）　　60～69 岁（ ）

2. 住所:市内住在 渝中区（ ）　　沙坪坝区（ ）　　南岸区（ ）　　九龙坡区（ ）

　　　　　渝北区（ ）　　江北区（ ）　　北碚区（ ）　　巴南区（ ）

　　　　　大渡口区（ ）　市外住在（ ）

3. 职业:公司职员（ ）　　事业单位及公务员（ ）　　自营业主（ ）

　　　　家庭主妇（ ）　　学生（ ）　　　　　　　其他（ ）

关于地面购物环境与地下购物环境的区别

4. 一般到商圈去的目的

　购物（ 1 ）　　休闲（ 3 ）　　餐饮（ 3 ）　　读书（ ）

　聊天（ 2 ）　　打发时间（ ）　其他（ ）

5. 到商业中心购物的频率

　每周 3 回以上（ ）　　每周 1～2 回（ 5 ）　　每月 1～2 回（ 2 ）

　每年几次（ ）　　其他（ ）

6. 到地下街、地下商场、地下超市的频率(总和)

　每周 3 回以上（ 1 ）　　每周 1～2 回（ 3 ）　　每月 1～2 回（ 2 ）

　每年几次（ 2 ）　　其他（ ）

7. 对地下商场(街)的选择度

　优先逛地面商场（ 8 ）　　只要逛街就会到地下商场(街)（ ）

　优先逛地下商场(街)（ ）

8. 对地下超市的选择度

　需要买东西就去（ 8 ）　　习惯性地去逛逛（ ）　　没感觉（ ）

　不喜欢去地下超市（ ）

9. 您觉得地下商场有什么地方吸引您?（多选）

　价格（ 2 ）　　环境（ 5 ）　　物品的种类（ 7 ）

　售货员的态度（ 1 ）　其他（ ）

10. 您觉得地下商场与地面商场的主要区别在于(多选)

室内装饰环境(6)　　　　商品的档次(5)　　　　商品的种类(8)

通风环境(5)　　　　　　采光环境(5)　　　　　冷热环境(3)

湿度环境(5)　　　　　　气味环境(3)　　　　　景观环境( )

服务员态度( )　　　　　个人的直觉与喜好( )　　其他( )

11. 如将地下商场同样引进地面商场的环境和商品,您觉得是否可以将地下和地面同等
选择?

是(3)　　　　　　　　　否(5)

12. 如果上一题您选择"否"请选择原因

认识观的原因(2)　　　　个人感觉的原因(3)　　　其他原因( )

关于您经常去的地下空间的业态构成

13. 您觉得地下商场(街)的商品种类如何?

种类齐全( )　　　　　　　　　　种类比较齐全(8)

种类单一( )　　　　　　　　　　种类较为合理( )

14. 您觉得地下商场(街)的商品品质如何?

品质较高( )　　品质差(1)　　品质适宜(7)　　物有所值( )

15. 您常去的地下商场(街)的商品属于哪一类?(多选)

高档品牌( )　　中档品牌(2)　　低档品牌(3)　　无品牌(6)

16. 您觉得地下商场(街)商品的价格是否适宜?

很便宜( )　　比较便宜(5)　　价格适度(3)　　比较昂贵( )

很昂贵( )

17. 您经常去地下商场(街)购买(做)什么?(多选)

衣服(2)　　餐饮( )　　日用品( )　　化妆品( )

游戏( )　　音像制品(3)　　书籍(3)　　路过(1)

其他( )

18. 您觉得地下商场(街)商品的种类需要改进的地方(多选)

引进高档品牌商品(3)　　　　引进更低档商品( )

引进各种生活用品(4)　　　　引进化妆品(3)

引进创意产业(3)　　　　　　引进机械设备( )

引进电器设备( )　　　　　　引进装饰材料(3)

希望商品种类齐全(7)　　　　其他( )

关于目前地下空间入口的设置

19. 目前地下空间商场(街)的入口设置是否方便?

很方便( )　　一般方便(4)　　没感觉(3)　　不太方便( )

很不方便( )

20. 关于目前地下空间商场(街)的入口,您感觉(多选)

位置太不明显( )　　　　　　位置比较明显(3)

能看到就行了（3）　　　　　　　　　应该放在更加隐蔽的地方（　）

应该更加突出（　）

21. 关于目前地下空间商场(街)的入口造型

造型富有美感（　）　　　　　　　　　有一些美感（　）

造型普通（6）　　　　　　　　　　　没有美感（2）

22. 您觉得是否应该尽量将地下商场(街)入口设置在地面建筑(商场)的内部?

应该（5）　　　　好像应该（　）　　　不知道（　）　　　不太应该（2）

不应该（　）

23. 如果您选择应该,您觉得将地下商场(街)入口设置在地面建筑(商场)的内部有什么
好处?

下雨天可以直接到达（3）

夏天很热的时候可以直接到达（2）

可以将地下、地面商业联系起来以方便购物（9）

可以形成全封闭的地下通道（3）

其他（　）

24. 如果您选择不应该,地下商场(街)入口设置在外(如广场等)有何好处?

比较显眼易找（2）

入口造型能够丰富商业区的空间形态（1）

25. 关于地下空间商场(街)入口的设置,您觉得

应该全部放在地面建筑(商场)内部（　）

应该全部放在步行广场上（2）

在地面建筑内部更多（　）

在步行广场上更多（　）

应该在地面建筑与广场上平均分配（6）

关于您经常去的地下空间内部环境

26. 您对该地下空间整体的印象如何?

满意（　）　　　　　　　基本上满意（2）　　　　　没有感觉（4）

不是很满意（2）　　　　　不满意（　）

27. 您对该地下空间作为休闲(餐饮、咖啡等)场所满意吗?

满意（　）　　　　　　　基本上满意（3）　　　　　没有感觉（4）

不是很满意（1）　　　　　不满意（　）

28. 您对该地下空间作为娱乐(旱冰场、电玩、音像等)场所满意吗?

满意（　）　　　　　　　基本上满意（1）　　　　　没有感觉（6）

不是很满意（　）　　　　　不满意（3）

29. 您对该地下空间作为购物场所满意吗?

满意（　）　　　　　　　基本上满意（5）　　　　　没有感觉（3）

不是很满意（　）　　　　　不满意（　）

30. 该地下空间的混杂程度如何?

　　不混杂（　） 　　不是很混杂（ 3 ） 　　不确定（ 3 ）

　　有些混杂（ 2 ） 　　混杂（　）

31. 该地下空间的声音嘈杂吗?

　　不嘈杂（　） 　　不是很嘈杂（ 4 ） 　　不确定（ 4 ）

　　相对嘈杂（　） 　　嘈杂（　）

32. 您觉得该地下商场的物质环境需要改进的地方(多选)

　　室内景观系统（ 1 ） 　　内部识别系统（　） 　　室内装饰（ 4 ）

　　通风（ 7 ） 　　室温（ 3 ） 　　室内公共活动空间（　）

　　改变通道和商业的面积比例（ 1 ）

　　在地下商场增加休闲公共场所（ 5 ）

　　增加休闲设施（　） 　　其他（　）

33. 该地下商场的通道和商业的面积比例是否适宜?

　　目前通道面积过小（ 3 ） 　　目前通道面积过宽（ 3 ）

　　通道和商业面积比例较合适（ 2 ）

34. 关于地下空间设置的公共休闲场所(多选)

　　数量严重不足（　） 　　数量不足（ 6 ） 　　配置合理（ 2 ）

　　休闲设施档次低下（ 4 ） 　　没有感觉（　）

35. 目前地下街的室内装饰

　　装饰简陋（ 7 ） 　　装饰合理（ 1 ） 　　装饰奢华（　）

36. 地下空间的灯光效果

　　昏暗（ 2 ） 　　一般昏暗（ 2 ） 　　没感觉（ 2 ）

　　不太明亮（　） 　　明亮（　）

37. 地下空间的通风效果

　　通风良好（　） 　　通风（　） 　　没感觉（ 2 ）

　　有点闷（ 3 ） 　　很闷（ 3 ）

38. 地下空间是否有压抑感?

　　强烈的压抑感（　） 　　有一些压抑感（ 5 ） 　　无压抑感（ 2 ）

　　比较舒适（　） 　　很舒适（　）

关于地下空间经营管理

39. 您觉得现在地下空间的,营业时间合理吗?

　　不合理（ 3 ） 　　勉强合理（ 3 ） 　　合理（ 2 ）

　　不知道（　）

40. 若不合理,您觉得什么时间段开放比较合理?

　　早 8 点～晚 8 点（　） 　　早 9 点～晚 9 点（ 6 ） 　　早 9 点～晚 10 点（　）

41. 您对地下空间的室内卫生管理满意吗?

　　不满意（ 3 ） 　　还行（ 5 ） 　　满意（　）

42. 您知道地下空间的物业管理属于哪个部门?

    人防部门( )   某个开发商(1)   某个承包业主( )

    不知道(6)

地下空间开发的群众认可度调研

43. 您认为地下空间的利用是否改善了您的生活环境?

    是( )   不是(2)   没感觉(6)

44. 您愿意支持开发地下空间吗?

    不愿意( )   无所谓(3)   可以考虑(5)

    愿意( )

45. 您觉得地下空间以何种形式出现比较好?(多选)

    人防平战结合利用(5)   结合地铁或轻轨站点开发(5)

    通过增加高层地下层(5)   在广场下面设置地下商场(5)

    专门单独开发地下空间(2)   其他(3)

46. 您觉得您所在商圈的地下空间

    需要增加( )   需要适量增加(5)   不知道(1)

    应保持现状(2)   应该适当减少( )   太多了( )

47. 您觉得地下空间会给您的生活带来负面影响吗?

    不会(4)   可能不会(4)   可能会( )   会( )   不知道( )

非常感谢您的参与

南坪商业中心区地下空间调查结果统计

您现在所在地下空间场所或较常去的地下空间场所

所在商圈:沙坪坝三峡广场商圈（　）　　　　　杨家坪商圈（ 1 ）

解放碑商圈（　）　　　　　　　　　南坪商圈（ 7 ）

观音桥商圈（　）

A（ 3 ）　地下街:店铺部分（ 6 ）、地下公共部分(休闲座椅等设施)（　）

B（　）　地下交通站点:店铺部分（ 2 ）、地下公共部分(休闲座椅等设施)（ 3 ）

C（ 3 ）　地下商场:店铺部分（ 6 ）、地下公共部分(休闲座椅等设施)（　）

D（ 1 ）　地下超市:店铺部分（ 5 ）、地下公共部分(休闲座椅等设施)（　）

关于回答者自身情况

1. 性别:男性（ 5 ）　女性（ 7 ）

年龄:19 岁以下（　）　　　20～29 岁（11）　　　30～39 岁（　）

40～49 岁（　）　　　50～59 岁（　）　　　60～69 岁（　）

2. 住所:市内住在　渝中区（ 2 ）　沙坪坝区（　）　南岸区（ 6 ）　九龙坡区（　）

渝北区（　）　江北区（　）　北碚区（　）　巴南区（ 7 ）

大渡口区（　）市外住在（ 1 ）

3. 职业:公司职员（ 5 ）　　　事业单位及公务员（　）　　　自营业主（　）

家庭主妇（　）　　　学生（　）　　　　　　　其他（　）

关于地面购物环境与地下购物环境的区别

4. 一般到商圈去的目的

购物（11）　　　休闲（ 6 ）　　　餐饮（ 4 ）　　　读书（　）

聊天（ 2 ）　　　打发时间（ 2 ）　　　其他（　）

5. 到商业中心购物的频率

每周 3 回以上（　）　　　每周 1～2 回（ 5 ）　　　每月 1～2 回（ 6 ）

每年几次（　）　　　其他（　）

6. 到地下街、地下商场、地下超市的频率(总和)

每周 3 回以上（ 1 ）　　　每周 1～2 回（ 4 ）　　　每月 1～2 回（ 4 ）

每年几次（ 2 ）　　　其他（　）

7. 对地下商场(街)的选择度

优先逛地面商场（ 7 ）　　　只要逛街就会到地下商场(街)（ 3 ）

优先逛地下商场(街)（　）

8. 对地下超市的选择度

需要买东西就去（ 7 ）　　　习惯性地去逛逛（ 3 ）

没感觉（　）　　　　　　　不喜欢去地下超市（ 2 ）

9. 您觉得地下商场有什么地方吸引您？（多选）

价格（ 4 ）　　　　　环境（　）　　　　物品的种类（ 4 ）

售货员的态度（　） 其他（ 4 ）

10. 您觉得地下商场与地面商场的主要区别在于(多选)

室内装饰环境（ 4 ） 商品的档次（ 6 ） 商品的种类（ 5 ）

通风环境（ 4 ） 采光环境（ 4 ） 冷热环境（ 5 ）

湿度环境（　） 气味环境（ 4 ） 景观环境（　）

服务员态度（ 3 ） 个人的直觉与喜好（ 2 ） 其他（　）

11. 如将地下商场同样引进地面商场的环境和商品,您觉得是否可以将地下和地面同等选择?

是（ 6 ） 否（ 5 ）

12. 如果上一题您选择"否"请选择原因

认识观的原因（ 2 ） 个人感觉的原因（ 4 ） 其他原因（ 2 ）

关于您经常去的地下空间的业态构成

13. 您觉得地下商场(街)的商品种类如何?

种类齐全（ 3 ） 种类比较齐全（ 7 ）

种类单一（　） 种类较为合理（ 2 ）

14. 您觉得地下商场(街)的商品品质如何?

品质较高（　） 品质差（ 4 ） 品质适宜（ 4 ） 物有所值（ 3 ）

15. 您常去的地下商场(街)的商品属于哪一类?(多选)

高档品牌（　） 中档品牌（ 2 ） 低档品牌（ 5 ） 无品牌（ 9 ）

16. 您觉得地下商场(街)商品的价格是否适宜?

很便宜（ 1 ） 比较便宜（ 7 ） 价格适度（ 3 ） 比较昂贵（　）

很昂贵（　）

17. 您经常去地下商场(街)购买(做)什么?(多选)

衣服（ 7 ） 餐饮（ 1 ） 日用品（　） 化妆品（　）

游戏（　） 音像制品（　） 书籍（　） 路过（ 3 ）

其他（　）

18. 您觉得地下商场(街)商品的种类需要改进的地方(多选)

引进高档品牌商品（ 2 ） 引进更低档商品（　）

引进各种生活用品（ 4 ） 引进化妆品（ 2 ）

引进创意产业（ 8 ） 引进机械设备（　）

引进电器设备（　） 引进装饰材料（　）

希望商品种类齐全（ 5 ） 其他（　）

关于目前地下空间入口的设置

19. 目前地下空间商场(街)的入口设置是否方便

很方便（　） 一般方便（ 5 ） 没感觉（ 4 ） 不太方便（　）

很不方便（　）

20. 关于目前地下空间商场(街)的入口,您感觉(多选)

位置太不明显（ 2 ）　　　　位置比较明显（ 3 ）　　　　能看到就行了（ 3 ）

应该放在更加隐蔽的地方（　）　　　　　　　　　　　应该更加突出（ 4 ）

21. 关于目前地下空间商场(街)的入口造型

造型富有美感（　）　　　　有一些美感（　）　　　　造型普通（ 10 ）

没有美感（　）

22. 您觉得是否应该尽量将地下商场(街)入口设置在地面建筑(商场)的内部？

应该（　）　　　　　　好像应该（　）　　　　不知道（ 4 ）

不太应该（ 6 ）　　　　不应该（ 1 ）

23. 如果您选择应该,您觉得将地下商场(街)入口设置在地面建筑(商场)的内部有什么

好处？

下雨天可以直接到达（ 1 ）

夏天很热的时候可以直接到达（　）

可以将地下、地面商业联系起来以方便购物（　）

可以形成全封闭的地下通道（ 2 ）

其他（ 2 ）

24. 如果您选择不应该,地下商场(街)入口设置在外(如广场等)有何好处？

比较显眼易找（ 5 ）

入口造型能够丰富商业区的空间形态（ 3 ）

25. 关于地下空间商场(街)入口的设置,您觉得

应该全部放在地面建筑(商场)内部（ 2 ）

应该全部放在步行广场上（ 4 ）

在地面建筑内部更多（　）

在步行广场上更多（ 1 ）

应该在地面建筑与广场上平均分配（ 4 ）

关于您经常去的地下空间内部环境

26. 您对该地下空间整体的印象如何？

满意（　）　　　　基本上满意（ 7 ）　　　　没有感觉（ 2 ）

不是很满意（ 1 ）　　　　不满意（　）

27. 您对该地下空间作为休闲(餐饮、咖啡等)场所满意吗？

满意（　）　　　　基本上满意（ 2 ）　　　　没有感觉（ 5 ）

不是很满意（ 4 ）　　　　不满意（　）

28. 您对该地下空间作为娱乐(旱冰场、电玩、音像等)场所满意吗？

满意（ 1 ）　　　　基本上满意（ 1 ）　　　　没有感觉（ 6 ）

不是很满意（ 2 ）　　　　不满意（　）

29. 您对该地下空间作为购物场所满意吗？

满意（ 1 ）　　　　基本上满意（ 3 ）　　　　没有感觉（ 3 ）

不是很满意（ 3 ）　　　　不满意（　）

30. 该地下空间的混杂程度如何?

不混杂（　） 　　不是很混杂（2） 　　不确定（2）

有些混杂（8） 　　混杂（　）

31. 该地下空间的声音嘈杂吗?

不嘈杂（　） 　　不是很嘈杂（4） 　　不确定（2）

相对嘈杂（5） 　　嘈杂（　）

32. 您觉得该地下商场的物质环境需要改进的地方(多选)

室内景观系统（4） 　　内部识别系统（2） 　　室内装饰（2）

通风（7） 　　室温（8） 　　室内公共活动空间（1）

改变通道和商业的面积比例（3） 　　在地下商场增加休闲公共场所（7）

增加休闲设施（3） 　　其他（　）

33. 该地下商场的通道和商业的面积比例是否适宜?

目前通道面积过小（6） 　　目前通道面积过宽（3）

通道和商业面积比例较合适（　）

34. 关于地下空间设置的公共休闲场所(多选)

数量严重不足（1） 　　数量不足（4） 　　配置合理（1）

休闲设施档次低下（1） 　　没有感觉（3）

35. 目前地下街的室内装饰

装饰简陋（6） 　　装饰合理（3） 　　装饰奢华（　）

36. 地下空间的灯光效果

昏暗（4） 　　一般昏暗（1） 　　没感觉（2）

不太明亮（3） 　　明亮（　）

37. 地下空间的通风效果

通风良好（　） 　　通风（　） 　　没感觉（1）

有点闷（7） 　　很闷（1）

38. 地下空间是否有压抑感?

强烈的压抑感（　） 　　有一些压抑感（8） 　　无压抑感（2）

比较舒适（　） 　　很舒适（　）

关于地下空间经营管理

39. 您觉得现在地下空间的营业时间合理吗?

不合理（1） 　　勉强合理（7） 　　合理（2）

不知道（　）

40. 若不合理,您觉得什么时间段开放比较合理?

早8点～晚8点（　） 　　早9点～晚9点（2） 　　早9点～晚10点（6）

41. 您对地下空间的室内卫生管理满意吗?

不满意（2） 　　还行（5） 　　满意（2）

42. 您知道地下空间的物业管理属于哪个部门?

人防部门（ 1 ）　　　　　某个开发商（　）　　　　　某个承包业主（ 4 ）

不知道（ 4 ）

地下空间开发的群众认可度调研

43. 您认为地下空间的利用是否改善了您的生活环境？

是（ 6 ）　　　　　　不是（ 3 ）　　　　　　没感觉（ 1 ）

44. 您愿意支持开发地下空间吗？

不愿意（　）　　　　　无所谓（ 5 ）　　　　　可以考虑（ 4 ）

愿意（ 1 ）

45. 您觉得地下空间以何种形式出现比较好？（多选）

人防平战结合利用（ 4 ）　　　　结合地铁或轻轨站点开发（ 6 ）

通过增加高层地下层（ 2 ）　　　　在广场下面设置地下商场（ 5 ）

专门单独开发地下空间（　）　　　　其他（ 2 ）

46. 您觉得您所在商圈的地下空间

需要增加（　）　　　　　需要适量增加（ 4 ）　　　　不知道（ 5 ）

应保持现状（ 2 ）　　　　　应该适当减少（　）

太多了（　）

47. 您觉得地下空间会给您的生活带来负面影响吗？

不会（ 3 ）　　可能不会（ 6 ）　　可能会（　）　　会（　）　　不知道（　）

非常感谢您的参与

三峡广场商业中心区地下空间调查结果统计

您现在所在地下空间场所或较常去的地下空间场所

所在商圈:沙坪坝三峡广场商圈（3） 杨家坪商圈（1）

解放碑商圈（2） 南坪商圈（2）

观音桥商圈（ ）

A（ ） 地下街:店铺部分（ ）、地下公共部分(休闲座椅等设施)（ ）

B（ ） 地下交通站点:店铺部分（2）、地下公共部分(休闲座椅等设施)（ ）

C（5） 地下商场:店铺部分（1）、地下公共部分(休闲座椅等设施)（ ）

D（ ） 地下超市:店铺部分（ ）、地下公共部分(休闲座椅等设施)（ ）

关于回答者自身情况

1. 性别:男性（6） 女性（2）

年龄:19岁以下（ ） 20～29岁（6） 30～39岁（2）

40～49岁（ ） 50～59岁（ ） 60～69岁（ ）

2. 住所:市内住在 渝中区（ ） 沙坪坝区（6） 南岸区（ ） 九龙坡区（ ）

渝北区（ ） 江北区（ ） 北碚区（ ） 巴南区（ ）

大渡口区（ ） 市外住在（ ）

3. 职业:公司职员（ ） 事业单位及公务员（ ） 自营业主（ ）

家庭主妇（ ） 学生（4） 其他（1）

关于地面购物环境与地下购物环境的区别

4. 一般到商圈去的目的

购物（6） 休闲（ ） 餐饮（3） 读书（ ）

聊天（ ） 打发时间（ ） 其他（ ）

5. 到商业中心购物的频率

每周3回以上（ ） 每周1～2回（2） 每月1～2回（2）

每年几次（3） 其他（1）

6. 到地下街、地下商场、地下超市的频率(总和)

每周3回以上（ ） 每周1～2回（1） 每月1～2回（ ）

每年几次（6） 其他（ ）

7. 对地下商场(街)的选择度

优先逛地面商场（5） 只要逛街就会到地下商场(街)（1）

优先逛地下商场(街)（1）

8. 对地下超市的选择度

需要买东西就去（8） 习惯性地去逛逛（ ）

没感觉（ ） 不喜欢去地下超市（ ）

9. 您觉得地下商场有什么地方吸引您?(多选)

价格（3） 环境（1） 物品的种类（3） 售货员的态度（ ）

其他（ 1 ）

10. 您觉得地下商场与地面商场的主要区别在于(多选)

室内装饰环境（ 2 ）　　　　商品的档次（ 2 ）　　　　商品的种类（ 2 ）

通风环境（ 4 ）　　　　　　采光环境（ 5 ）　　　　　冷热环境（ ）

湿度环境（ 1 ）　　　　　　气味环境（ 1 ）　　　　　景观环境（ ）

服务员态度（ 1 ）　　　　　个人的直觉与喜好（ 3 ）　其他（ ）

11. 如将地下商场同样引进地面商场的环境和商品,您觉得是否可以将地下和地面同等
选择?

是（ 3 ）　　　　　　　　　　否（ 5 ）

12. 如果上一题您选择"否",请选择原因

认识观的原因（ 3 ）　　　　个人感觉的原因（ 3 ）　　　　其他原因（ ）

关于您经常去的地下空间的业态构成

13. 您觉得地下商场(街)的商品种类如何?

种类齐全（ 2 ）　　　　　　　　　　种类比较齐全（ 4 ）

种类单一（ 2 ）　　　　　　　　　　种类较为合理（ ）

14. 您觉得地下商场(街)的商品品质如何?

品质较高（ ）　　　品质差（ 2 ）　　　品质适宜（ ）　　　物有所值（ ）

15. 您常去的地下商场(街)的商品属于哪一类?（多选）

高档品牌（ ）　　　中档品牌（ 2 ）　　　低档品牌（ 2 ）　　　无品牌（ 3 ）

16. 您觉得地下商场(街)商品的价格是否适宜?

很便宜（ ）　　　比较便宜（ 3 ）　　　价格适度（ 6 ）　　　比较昂贵（ ）

很昂贵（ ）

17. 您经常去地下商场(街)购买(做)什么?（多选）

衣服（ 5 ）　　　餐饮（ ）　　　日用品（ 6 ）　　　化妆品（ 1 ）

游戏（ ）　　　音像制品（ ）　　　书籍（ ）　　　路过（ ）

其他（ 1 ）

18. 您觉得地下商场(街)商品的种类需要改进的地方(多选)

引进高档品牌商品（ 7 ）　　　　　引进更低档商品（ ）

引进各种生活用品（ 2 ）　　　　　引进化妆品（ ）

引进创意产业（ 4 ）　　　　　　　引进机械设备（ 1 ）

引进电器设备（ ）　　　　　　　　引进装饰材料（ 2 ）

希望商品种类齐全（ 3 ）　　　　　其他（ ）

关于目前地下空间入口的设置

19. 目前地下空间商场(街)的入口设置是否方便?

很方便（ ）　　　　　　　　一般方便（ 1 ）　　　　　没感觉（ 3 ）

不太方便（ 1 ）　　　　　　很不方便（ ）

20. 关于目前地下空间商场(街)的入口,您感觉(多选)

位置太不明显（1） 位置比较明显（1） 能看到就行了（ ）

应该放在更加隐蔽的地方（ ） 应该更加突出（4）

21. 关于目前地下空间商场(街)的入口造型

造型富有美感（ ） 有一些美感（ ） 造型普通（1） 没有美感（4）

22. 您觉得是否应该尽量将地下商场(街)入口设置在地面建筑(商场)的内部?

应该（ ） 好像应该（ ） 不知道（1） 不太应该（ ）

不应该（ ）

23. 如果您选择应该,您觉得将地下商场(街)入口设置在地面建筑(商场)的内部有什么好处?

下雨天可以直接到达（ ）

夏天很热的时候可以直接到达（ ）

可以将地下、地面商业联系起来以方便购物（1）

可以形成全封闭的地下通道（ ）

其他（1）

24. 如果您选择不应该,地下商场(街)入口设置在外(如广场等)有何好处?

比较显眼易找（ ）

入口造型能够丰富商业区的空间形态（1）

25. 关于地下空间商场(街)入口的设置,您觉得

应该全部放在地面建筑(商场)内部（ ）

应该全部放在步行广场上（1）

在地面建筑内部更多（ ）

在步行广场上更多（ ）

应该在地面建筑与广场上平均分配（1）

关于您经常去的地下空间内部环境

26. 您对该地下空间整体的印象如何?

满意（ ） 基本上满意（3） 没有感觉（3）

不是很满意（1） 不满意（ ）

27. 您对该地下空间作为休闲(餐饮、咖啡等)场所满意吗?

满意（ ） 基本上满意（2） 没有感觉（1）

不是很满意（1） 不满意（2）

28. 您对该地下空间作为娱乐(旱冰场、电玩、音像等)场所满意吗?

满意（2） 基本上满意（1） 没有感觉（1）

不是很满意（ ） 不满意（1）

29. 您对该地下空间作为购物场所满意吗?

满意（2） 基本上满意（3） 没有感觉（2）

不是很满意（ ） 不满意（1）

30. 该地下空间的混杂程度如何?

不混杂（　）　　　　　不是很混杂（3）　　　　不确定（　）

有些混杂（4）　　　　混杂（2）

31. 该地下空间的声音嘈杂吗?

不嘈杂（1）　　　　　不是很嘈杂（3）　　　　不确定（　）

相对嘈杂（3）　　　　嘈杂（　）

32. 您觉得该地下商场的物质环境需要改进的地方(多选)

室内景观系统（6）　　内部识别系统（1）　　　室内装饰（4）

通风（6）　　　　　　室温（2）　　　　　　室内公共活动空间（3）

改变通道和商业的面积比例（　）

在地下商场增加休闲公共场所（4）

增加休闲设施（5）

其他（1）

33. 该地下商场的通道和商业的面积比例是否适宜?

目前通道面积过小（4）　　　　　　　　　　目前通道面积过宽（　）

通道和商业面积比例较合适（3）

34. 关于地下空间设置的公共休闲场所(多选)

数量严重不足（　）　　数量不足（6）　　　　配置合理（　）

休闲设施档次低下（3）　没有感觉（　）

35. 目前地下街的室内装饰

装饰简陋（7）　　　　装饰合理（2）　　　　装饰奢华（　）

36. 地下空间的灯光效果

昏暗（　）　　　　　　一般昏暗（4）　　　　没感觉（1）

不太明亮（3）　　　　明亮（　）

37. 地下空间的通风效果

通风良好（　）　　　　通风（2）　　　　　　没感觉（　）

有点闷（6）　　　　　很闷（　）

38. 地下空间是否有压抑感?

强烈的压抑感（　）　　有一些压抑感（5）　　无压抑感（　）

比较舒适（　）　　　　很舒适（　）

关于地下空间经营管理

39. 您觉得现在地下空间的营业时间合理吗?

不合理（　）　　　　　勉强合理（3）　　　　合理（4）

不知道（　）

40. 若不合理,您觉得什么时间段开放比较合理?

早8点～晚8点（　）　　早9点～晚9点（　）　　早9点～晚10点（2）

41. 您对地下空间的室内卫生管理满意吗?

不满意（4）　　　　　还行（3）　　　　　　满意（　）

42. 您知道地下空间的物业管理属于哪个部门？

    人防部门（　　）　　　　　　某个开发商（　　）　　　　　某个承包业主（ 1 ）

    不知道（ 3 ）

地下空间开发的群众认可度调研

43. 您认为地下空间的利用是否改善了您的生活环境？

    是（ 2 ）　　　　　　　　不是（ 2 ）　　　　　　　　没感觉（ 3 ）

44. 您愿意支持开发地下空间吗？

    不愿意（　　）　　　　　　无所谓（　　）　　　　　　可以考虑（ 3 ）

    愿意（ 5 ）

45. 您觉得地下空间以何种形式出现比较好？（多选）

    人防平战结合利用（ 3 ）　　　　　结合地铁或轻轨站点开发（ 7 ）

    通过增加高层地下层（ 1 ）　　　　在广场下面设置地下商场（ 8 ）

    专门单独开发地下空间（ 4 ）　　　其他（　　）

46. 您觉得您所在商圈的地下空间

    需要增加（　　）　　　　　　需要适量增加（ 6 ）

    不知道（ 1 ）　　　　　　　应保持现状（　　）

    应该适当减少（　　）　　　　太多了（　　）

47. 您觉得地下空间会给您的生活带来负面影响吗？

    不会（ 6 ）　　可能不会（ 1 ）　　可能会（　　）　　会（　　）　　不知道（ 1 ）

非常感谢您的参与

杨家坪商业中心区地下空间调查结果统计

您现在所在地下空间场所或较常去的地下空间场所

所在商圈:沙坪坝三峡广场商圈(1)　　杨家坪商圈(12)　　解放碑商圈(3)

　　　　南坪商圈(1)　　　　　　观音桥商圈(1)

A（　） 地下街:店铺部分(6)、地下公共部分(休闲座椅等设施)（　）

B（　） 地下交通站点:店铺部分(2)、地下公共部分(休闲座椅等设施)（　）

C（　） 地下商场:店铺部分(4)、地下公共部分(休闲座椅等设施)（　）

D（　） 地下超市:店铺部分(4)、地下公共部分(休闲座椅等设施)（　）

关于回答者自身情况

1. 性别:男性(1)　女性(11)

　　年龄:19 岁以下（　）　　　　　20～29 岁(7)　　　　　30～39 岁(3)

　　　　40～49 岁（　）　　　　　50～59 岁（　）　　　　60～69 岁（　）

2. 住所:市内在住　渝中区（　）　沙坪坝区(1)　南岸区(1)　九龙坡区(3)

　　　　　　　　渝北区（　）　江北区(1)　　北碚区（　）　巴南区(1)

　　　　　　　　大渡口区（　）　市外在住（　）

3. 职业:公司职员(4)　　　事业单位及公务员(1)　　　自营业主（　）

　　　家庭主妇（　）　　　学生(1)　　　　　　　　其他（　）

关于地面购物环境与地下购物环境的区别

4. 一般到商圈去的目的

　　购物(9)　　　休闲(8)　　　餐饮(6)　　　读书（　）

　　聊天(1)　　　打发时间(4)　　　其他（　）

5. 到商业中心购物的频率

　　每周 3 回以上（　）　　　每周 1～2 回(5)　　　每月 1～2 回(5)

　　每年几次(1)　　　其他（　）

6. 到地下街、地下商场、地下超市的频率(总和)

　　每周 3 回以上(1)　　　每周 1～2 回(4)　　　每月 1～2 回(2)

　　每年几次(3)　　　其他（　）

7. 对地下商场(街)的选择度

　　优先逛地面商场(8)　　　只要逛街就会到地下商场(街)(3)

　　优先逛地下商场(街)（　）

8. 对地下超市的选择度

　　需要买东西就去(6)　　　习惯性地去逛逛(1)　　　没感觉(2)

　　不喜欢去地下超市(2)

9. 您觉得地下商场有什么地方吸引您?(多选)

　　价格(6)　　　　　　环境(3)　　　　　　物品的种类(7)

　　售货员的态度（　）　　　其他(1)

10. 您觉得地下商场与地面商场的主要区别在于(多选)

室内装饰环境(8)　　　　商品的档次(2)　　　　商品的种类(3)

通风环境(6)　　　　　采光环境(6)　　　　　冷热环境(4)

湿度环境(4)　　　　　气味环境(8)　　　　　景观环境(5)

服务员态度(1)　　　　个人的直觉与喜好(3)　　其他(6)

11. 如将地下商场同样引进地面商场的环境和商品,您觉得是否可以将地下和地面同等
选择?

是(6)　　　　　　　　否(2)

12. 如果上一题您选择"否"请选择原因

认识观的原因(3)　　　个人感觉的原因(1)　　　其他原因(　)

关于您经常去的地下空间的业态构成

13. 您觉得地下商场(街)的商品种类如何?

种类齐全(　)　　　　　　　　种类比较齐全(5)

种类单一(5)　　　　　　　　　种类较为合理(1)

14. 您觉得地下商场(街)的商品品质如何?

品质较高(　)　　　品质差(　)　　　品质适宜(　)　　　物有所值(　)

15. 您常去的地下商场(街)的商品属于哪一类?(多选)

高档品牌(　)　　　中档品牌(　)　　　低档品牌(7)　　　无品牌(10)

16. 您觉得地下商场(街)商品的价格是否适宜?

很便宜(　)　　　比较便宜(7)　　　价格适度(4)　　　比较昂贵(　)

很昂贵(　)

17. 您经常去地下商场(街)购买(做)什么?(多选)

衣服(2)　　　餐饮(1)　　　日用品(　)　　　化妆品(　)

游戏(　)　　　音像制品(4)　　　书籍(4)　　　路过(6)

其他(　)

18. 您觉得地下商场(街)商品的种类需要改进的地方(多选)

引进高档品牌商品(6)　　　　引进更低档商品(1)

引进各种生活用品(5)　　　　引进化妆品(3)

引进创意产业(9)　　　　　　引进机械设备(　)

引进电器设备(　)　　　　　　引进装饰材料(3)

希望商品种类齐全(7)　　　　其他(　)

关于目前地下空间入口的设置

19. 目前地下空间商场(街)的入口设置是否方便?

很方便(1)　　　　　　一般方便(2)　　　　　没感觉(4)

不太方便(3)　　　　　很不方便(　)

20. 关于目前地下空间商场(街)的入口,您感觉(多选)

位置太不明显(3)　　　位置比较明显(1)　　　能看到就行了(4)

应该放在更加隐蔽的地方(3) 　　　　　　应该更加突出(　)

21. 关于目前地下空间商场(街)的入口造型

造型富有美感(　) 　　　有一些美感(　) 　　　造型普通(8)

没有美感(2)

22. 您觉得是否应该尽量将地下商场(街)入口设置在地面建筑(商场)的内部?

应该(6) 　　　　　　好像应该(　) 　　　　　　不知道(1)

不太应该(2) 　　　　不应该(1)

23. 如果您选择应该,您觉得将地下商场(街)入口设置在地面建筑(商场)的内部有什么
好处?

下雨天可以直接到达(6)

夏天很热的时候可以直接到达(5)

可以将地下、地面商业联系起来以方便购物(6)

可以形成全封闭的地下通道(3)

其他(　)

24. 如果您选择不应该,地下商场(街)入口设置在外(如广场等)有何好处?

比较显眼易找(1)

入口造型能够丰富商业区的空间形态(3)

25. 关于地下空间商场(街)入口的设置,您觉得

应该全部放在地面建筑(商场)内部(　)

应该全部放在步行广场上(1)

在地面建筑内部更多(2)

在步行广场上更多(2)

应该在地面建筑与广场上平均分配(6)

关于您经常去的地下空间内部环境

26. 您对该地下空间整体的印象如何?

满意(　) 　　　　　　基本上满意(1) 　　　没有感觉(4)

不是很满意(5) 　　　不满意(1)

27. 您对该地下空间作为休闲(餐饮、咖啡等)场所满意吗?

满意(　) 　　　　　　基本上满意(4) 　　　没有感觉(5)

不是很满意(　) 　　　不满意(2)

28. 您对该地下空间作为娱乐(旱冰场、电玩、音像等)场所满意吗?

满意(1) 　　　　　　基本上满意(4) 　　　没有感觉(1)

不是很满意(3) 　　　不满意(1)

29. 您对该地下空间作为购物场所满意吗?

满意(1) 　　　　　　基本上满意(4) 　　　没有感觉(1)

不是很满意(3) 　　　不满意(1)

30. 该地下空间的混杂程度如何?

不混杂（　） 不是很混杂（ 6 ） 不确定（　）

有些混杂（ 6 ） 混杂（ 1 ）

31. 该地下空间的声音嘈杂吗?

不嘈杂（　） 不是很嘈杂（ 7 ） 不确定（　）

相对嘈杂（ 4 ） 嘈杂（ 1 ）

32. 您觉得该地下商场的物质环境需要改进的地方(多选)

室内景观系统（ 5 ） 内部识别系统（ 5 ） 室内装饰（ 3 ）

通风（ 9 ） 室温（ 8 ） 室内公共活动空间（ 4 ）

改变通道和商业的面积比例（ 2 ） 在地下商场增加休闲公共场所（ 4 ）

增加休闲设施（ 3 ） 其他（　）

33. 该地下商场的通道和商业的面积比例是否适宜?

目前通道面积过小（ 6 ） 目前通道面积过宽（ 5 ）

通道和商业面积比例较合适（ 1 ）

34. 关于地下空间设置的公共休闲场所(多选)

数量严重不足（ 1 ） 数量不足（ 7 ） 配置合理（ 1 ）

休闲设施档次低下（ 4 ） 没有感觉（ 5 ）

35. 目前地下街的室内装饰

装饰简陋（ 8 ） 装饰合理（　） 装饰奢华（　）

36. 地下空间的灯光效果

昏暗（ 4 ） 一般昏暗（ 4 ） 没感觉（　）

不太明亮（　） 明亮（　）

37. 地下空间的通风效果

通风良好（　） 通风（　） 没感觉（　）

有点闷（ 3 ） 很闷（ 5 ）

38. 地下空间是否有压抑感?

强烈的压抑感（ 3 ） 有一些压抑感（ 7 ） 无压抑感（　）

比较舒适（　） 很舒适（　）

关于地下空间经营管理

39. 您觉得现在地下空间的营业时间合理吗?

不合理（ 4 ） 勉强合理（ 5 ） 合理（ 1 ）

不知道（ 1 ）

40. 若不合理,您觉得什么时间段开放比较合理?

早 8 点～晚 8 点（ 1 ） 早 9 点～晚 9 点（ 3 ） 早 9 点～晚 10 点（ 4 ）

41. 您对地下空间的室内卫生管理满意吗?

不满意（ 7 ） 还行（ 3 ） 满意（ 3 ）

42. 您知道地下空间的物业管理属于哪个部门?

人防部门（ 4 ） 某个开发商（　） 某个承包业主（　）

不知道（ 5 ）

地下空间开发的群众认可度调研

43. 您认为地下空间的利用是否改善了您的生活环境？

   是（ 6 ）　　　　　　　　不是（ 1 ）　　　　　　　　没感觉（ 4 ）

44. 您愿意支持开发地下空间吗？

   不愿意（ 　 ）　　　　　　无所谓（ 1 ）　　　　　　可以考虑（ 6 ）

   愿意（ 4 ）

45. 您觉得地下空间以何种形式出现比较好？（多选）

   人防平战结合利用（ 8 ）　　　　结合地铁或轻轨站点开发（ 5 ）

   通过增加高层地下层（ 6 ）　　　　在广场下面设置地下商场（ 8 ）

   专门单独开发地下空间（ 　 ）　　其他（ 4 ）

46. 您觉得您所在商圈的地下空间

   需要增加（ 9 ）　　　　　　　需要适量增加（ 8 ）

   不知道（ 　 ）　　　　　　　应保持现状（ 2 ）

   应该适当减少（ 1 ）　　　　　太多了（ 　 ）

47. 您觉得地下空间会给您的生活带来负面影响吗？

   不会（ 3 ）　　可能不会（ 6 ）　　可能会（ 1 ）　　会（ 　 ）　　不知道（ 1 ）

非常感谢您的参与

D. 相关法规体系中涉及地下空间的相关内容

附表2　相关法规体系中涉及地下空间的相关内容

类别	名称	与地下空间相关的条文内容	实施日期
法律	中华人民共和国城乡规划法	第十七条第一款　城市总体规划、镇总体规划的内容应当包括：城市、镇的发展布局，功能分区，用地布局，综合交通体系，禁止、限制和适宜建设的地域范围，各类专项规划等	2015-04-24
		第三十三条　城市地下空间的开发和利用，应当与经济和技术发展水平相适应，遵循统筹安排、综合开发、合理利用的原则，充分考虑防灾减灾、人民防空和通信等需要，并符合城市规划，履行规划审批手续	
	中华人民共和国物权法	第一百三十六条　建设用地使用权可以在土地的地表、地上或者地下分别设立。新设立的建设用地使用权，不得损害已设立的用益物权	2007-10-01
	中华人民共和国城市房地产管理法	第二条第二款　本法所称房屋，是指土地上的房屋等建筑物及构筑物	2009-08-27
		第六十条　国家实行土地使用权和房屋所有权登记发证制度	
	中华人民共和国土地管理法	第八条第一款　城市市区的土地属于国家所有	2004-08-28
	中华人民共和国人民防空法	第二条第二款　人民防空实行长期准备、重点建设、平战结合的方针，贯彻与经济建设协调发展、与城市建设相结合的原则	2009-08-27
		第十三条　城市人民政府应当制定人民防空工程建设规划，并纳入城市总体规划	

商业中心区地下空间规划管理及业态开发

类别	名称	与地下空间相关的条文内容	实施日期
地方性法规	天津市地下空间规划管理条例	地下空间规划制定、地下空间建设用地规划管理、地下空间建设工程规划管理	2009-03-01
部门规章	城市规划编制办法	第三十一条第（十七）项　提出地下空间开发利用的原则和建设方针	2006-04-01
		第三十二条第（三）项　城市建设用地。包括：规划期限内城市建设用地的发展规模、土地使用强度管制区划和相应的控制指标（建设用地面积、容积率、人口容量等）；城市各类绿地的具体布局；城市地下空间开发布局	
		第三十四条　城市总体规划应当明确综合交通、环境保护、商业网点、医疗卫生、绿地系统、河湖水系、历史文化名城保护、地下空间、基础设施、综合防灾等专项规划的原则	
		第四十一条第（五）项　根据规划建设容量，确定市政工程管线位置、管径和工程设施的用地界线，进行管线综合。确定地下空间开发利用具体要求	
	城市国有土地使用权出让转让规划管理办法	第三条　国务院城市规划行政主管部门负责全国城市国有土地使用权出让、转让规划管理的指导工作。省、自治区、直辖市人民政府城市规划行政主管部门负责本省、自治区、直辖市行政区域内城市国有土地使用权出让、转让规划管理的指导工作。直辖市、市和县人民政府城市规划行政主管部门负责城市规划区内城市国有土地使用权出让、转让的规划管理工作	1993-01-01
部门规章		第五条　出让城市国有土地使用权，出让前应当制定控制性详细规划。出让的地块，必须具有城市规划行政主管部门提出的规划设计条件及附图	
	城市地下空间开发利用管理规定	包括城市地下空间的规划、工程建设、工程管理等条文	1997-12-01实施，2011-01-16最新修正

类别	名称	与地下空间相关的条文内容	实施日期
地方政府规章	上海市城市地下空间建设用地审批和房地产登记试行规定	为了加强对城市地下空间建设用地审批和房地产登记的管理,促进地下空间合理开发利用,制定本规定	2006-09-01
	杭州市区地下空间建设用地管理和土地登记暂行规定	为加强市区地下空间建设用地使用权管理,促进土地节约集约利用,保障地下空间土地权利人合法权益,制定本规定	2009-05-22
	深圳市地下空间开发利用暂行办法	地下空间规划的制定、地下空间规划实施和地下建设用地使用权取得、地下空间的工程建设和使用	2008-09-01
	本溪市城市地下空间开发利用管理规定	地下空间开发利用规划、地下空间的开发建设、地下空间的使用	2002-10-10
	葫芦岛市城市地下空间开发利用管理办法	地下空间开发利用的规划管理、地下空间的开发建设管理、城市地下空间的使用管理	2002-09-01
	重庆市城乡规划地下空间利用规划导则(试行)	地下空间开发利用的规划管理、地下空间的开发建设管理、城市地下空间的使用管理	2007-12

资料来源:笔者与"城市地下空间开发利用规划编制与管理"课题组共同完成

E. 国内地下空间管理方面存在的问题详解

附表 3 国内地下空间管理方面存在的问题详解

管理上存在问题的主要方面	国内详情	后果及实例	国外现状	相关建议
管理体制：各自为政、多头管理	1. 住建部主管地下室。 2. 人防部门主管除防空地下室以外的所有人防工程。 3. 规划主管部门管城市地下空间建设规划。 4. 市政工程局管人行过街地道、越江隧道等基础设施。 5. 市建委管地下管道和一般地下工程建设。 6. 地铁管理部门管地铁工程。 7. 交通部门管地下交通设施。 8. 城市市政工程管理建设又分属于不同的管理部门，如自来水、燃气等	1. 城市规划与人防工程建设和地下空间开发脱节，使地下空间的开发利用不能及时、切实纳入城市总体规划的通盘考虑。 2. 人防部门忽略城市建设的需要；有些战备工程规模比较大，按一定防护要求修建，平时利用率低，形成平战利用相互制约的矛盾。 3. 地下交通及基础设计建设与城市地下空间发展脱节，造成资源浪费，及对现有地下空间开发形成制约	日本建设省制定《地下空间指南》；对县政府所在地及人口在 30 万以上的城市进行地下空间规划，又外加了地下基础设施规划和地下空间规划	在将地下工程区分为民防工程和一般地下工程的详细情况下，由规划局负责地下空间开发利用的综合规划管理及一般地下工程的建设、管理，房产局负责一般地下工程的等级、发证管理，民防办负责民防工程的规划、建设、管理以及民防工程的登记、发证管理

管理上存在问题的主要方面	国内详情	后果及实例	国外现状	相关建议
地下产权不明晰	1. 现行法律未对地下建筑物、构筑物的产权关系进行明确。 2. 包括地下空间与地上权利人的相邻关系、地下工程间的相邻关系、多种权属性质的土地权利关系的定义	1. 投资者建设地下建筑物，构筑物后无法取得能够证明其权利的凭证，拿不到产权证。 2. 投资者无法处理好与地下空间和地上权利人的利益关系，无法进行开发。 3. 高层建筑的地下空间、部分建设的地下空间、绿地地下空间的开发未受到约束（深度、面积），为今后地下空间开发带来大规模开发隐患	1. 在土地私有制国家，地下空间的所有者付一部分低于土地价格的补偿费，例如日本约为20%左右。①要求地下空间所有权达到的地下空间深度，如规定土地所有权达到的地下空间深度在芬兰、丹麦、挪威等国规定私人土地在深度6 m以下即为公有。 2. 日本的《大深度地下空间公共使用特别措施法》对大深度地下空间作了如下定义：大深度地下是指不影响通常建筑物地下室深度，政府是指不影响通常建筑物地下室深度，政府离建筑物桩基持力层深度40 m以下），或距离建筑物桩基持力层政府令规定距离（10 m以下）以外的任意深度。该法下的核心内容就是将城市地表50 m以下的地下空间无偿作为国家和城市发展的公共事业使用空间	1. 各地方政府部门应该根据国家分层开发原则，对不同开发深度的产权进行定义。 2. 作为地下空间使用权，土地使用权者具有开发优先权，并承担连通有关部分空间开发的义务

管理上存在问题的主要方面	国内详情	后果及实例	国外现状	相关建议
缺乏开发利用的激励机制	缺乏优惠措施,未形成激励机制		发达国家从可持续发展战略出发,都对开发、利用地下空间包括地下用资助、融资等辅助制度。其相关的法律、法规有:道路整备紧急措施法,交通安全设施紧急措施法,符合复合交通空间整备事业制度纲要,道路开发资金贷款事业综合整备事业纲要,推进市民都市开发特别措施法,有关民间事业者能力活动临时措施法,以及地方财政地方自治法。为了保持地下空间设施经营基础的安定,日本政府对地下设施经营的税制,实行特别措施,提倡投资者提高资产使用效率	制定城市地下空间利用基本法规,包括地下资源利用开发鼓励优惠政策,土地所有权上下范围的明确,地下空间资源开发权利,地下空间使用权,所有权和使用权,地下空间建设补偿标准,公共设施的占用许可
地下空间利用规划及建设	1. 人防专业规划是我国地下工程建设的主体。 2. 人防工程建设标准低,影响它在平时的使用。应该建立新的人防标准,适应平战结合的空间利用。 3. 工程质量问题,渗漏水,防护等需要建立标准体系	1. 人防规划不能够与城市整体规划相配合,各自为政,不能促进城市的发展。 2. 大城市已有专业的地下商业街及地下商场规划设计工程,如北京西单广场地下商业规划,大连"不夜城"地下空间规划,南京新	1. 以地下综合体的建设为主,一般包括以下内容:欧洲地下综合体,内容较多、规模较大、层数多;美国和加拿大地下综合体由高层建筑地下室扩展而成,其内容及地下综合体具有明显特点,主要由公共通道、商店、停车场和机房辅助设施组成地下步行街,车站则较少包括在内,而且经地下步道和集散地大厅与地下街连通	1. 应当提高人防建设标准,增强其空间的灵活性与多样性,提高其平时的利用效率。 2. 城市地下综合体的具体内容

管理上存在问题的主要方面	国内详情	后果及实例	国外现状	相关建议
地下空间规划利用及建设		街口地下空间规划等。但这些地下空间的开发多是以解决城市拥挤、交通问题等为主要目的,多设在地之下,从宏观上还是缺乏整体的规划。 3. 中等发达城市,如重庆、成都等,中心区地下空间虽然具有大、中型地下空间,但是它们大多来源于人防改建之程,呈散点式布局,相互之间仍然没有依靠地面交通联系,几乎没有与地下交通枢纽相联系的地下综合体设施。地下空间开发还处于无规划,无统筹阶段,还不能够达到人们对现有公共空间的要求	① 城市地铁、地下公路及隧道以及地面上的公共交通换乘枢纽,由车站集散大厅及各种车站联网成一体。地下街及人行横道、地铁站间的连接地下通道,地下建筑间的地下通道,地面建筑内部交通及地下公共停车场构成一个联通的步行系统。 ② 商业设施、休息等服务设施、文娱、体育、展览等设施、办公、银行、邮政等业务设施。 2. 地下交通设施,包括地铁、地下快速干道等。 3. 地下市政管网。 4. 地下存储规划,具有一套完整的规划体系,并具有专门的地下街、地下车库规划构想。	和功能应当视其建设目标和主要功能而定。 3. 尽量以现有地下空间为发展起点,地下空间的开发应该具有综合效益,整通过改造、加治的方法,加强与其他部分地下空间的连通性。 4. 制定专门的除人防地下规范以外的地下空间设计规范,如地下街设计规范、地下车库设计规范、地下通道设计规范等

管理上存在问题的主要方面	国内详情	后果及实例	国外现状	相关建议
政策与立法	1. 必须制定环境和安全标准、消防标准。 2. 现已制定或在制定的标准：建设标准、规划定额、设计规范、技术经济指标。但这些标准数量不够，适应不同地区的自然条件和城市特点的能力也较差。 3. 对于城市地下空间主要利用的设施，如地铁、地下街、地下停车场等的管理缺乏相应的法规。		《共同沟整备相关特别措施法》《电线共同沟整备相关特别措施法》《大深度地下空间公共使用特别措施法》等	
地下空间使用性质	为了科学合理地开发利用城市地下空间资源，根据我国城市规划建设与发展需要以及经济技术发展水平，宜将城市地下空间资源按竖向深度进行分层，一般可分为表层（0～-3 m）、浅层（-3～-15 m）、中层（-15～-40 m）和深层（-40 m以下）	地下空间分层具有很强的局限性，不适应当前地下空间规模化开发的需求。地下空间的利用仍然集中在浅层	1. 日本地下空间的分层情况： ① 10 m以内的空间主要有一般管线、广场、南口广场地下步道、游谷地下停车场、新宿地下街、主桥站前公共地下停车场等设施，即主要集中发展一般管线、地下步道、地下停车场和地下街。 ② 10～20 m的空间范围内有地下游乐园、横滨地铁站地下停车场、八重洲地下停车场、天神地下街停车场、地铁隧道、地铁车站等。	1. 竖向功能分层控制。 2. 地下空间规划应该根据它的区位性而定，其使用性质与所属区域及地面建筑的功

管理上存在问题的主要方面	国内详情	后果及实例	国外现状	相关建议
地下空间使用性质			③ 20～50 m 的空间范围周内有六本木地铁、营团南北线、平野川地下调节池、神田川地下调节池、国立国会图书馆、菊间地下石油储备基地、新七宗水力发电站、水道桥变电站、高桥变电站、NTT 洞道、东京湾横断道路等，即主要发电站、地下调节池、地下能源设施、地下变电站和地下道路。 ④ 50 m 以下的空间目前开发得不多，主要有试验场、串木野基地、久慈基地、LPG 地下盘岩储藏等，以仓储设施、地下研究为主。总之，日本地少、人多，地震台风频繁等特殊国情使得地下空间开发在日本得到高度重视，地下综合体设施情况（参见以上部分） 2. 地下综合体设施情况（参见以上部分）	能相协调。 3. 城市地下空间开发应当视地下空间的具体目标和其建设目标和主要功能而定

资料来源：作者根据相关资料整理